高职高专机电一体化专业规划教材

计算机绘图(CAD)

朱 勇 主 编

周 苑 副主编

清华大学出版社

北 京

内 容 简 介

本教材从高等职业教育的教学特点和专业需要出发，采用实用为主、适度拓展、项目引领、循序渐进、在学习中行动、在行动中学习的教学方法，充分重视计算机绘图基本能力的培养，努力把学生培养成技术、技能型人才。

本教材以 6 个项目为主体展开教学，分别是平面图形的绘制、组合体视图的绘制、零件图的绘制、装配图的绘制、基本形体的三维建模、典型零件的三维建模。

本教材结构新颖，案例丰富，在项目内容各知识点的编排上力求规范和统一，以使教师和学生尽快熟悉本教材的编写思路和特点，尽可能地为教与学提供方便。本教材在具体的教学过程中，充分强调理论知识与实际应用的协调和统一，并在项目结束后以知识点梳理和回顾的形式对项目内容进行归纳和总结，同时通过项目练习予以巩固和提高。

本教材为适应项目教学的实际需要，提供与之配套的下载教学资源，包括课程标准、教学大纲、教案首页、教学计划、教学课件、教学案例、习题答案、师生意见反馈表、AutoCAD(机械类)中级考证题型。

本教材可以满足高等职业教育机电类专业以及中高职贯通培养、成人教育、培训班、自学者学习计算机绘图(AutoCAD 机械类)的基本要求，可以为后续课程(如 CAD/CAM 软件应用、模具设计与制造、数控机床操作实训)的学习、实训、考证奠定必要的技术基础，并为将来的工作和发展创造良好的条件。

图书在版编目(CIP)数据

计算机绘图(CAD)/朱勇主编. —北京：清华大学出版社，2017（2021.1重印）
(高职高专机电一体化专业规划教材)
ISBN 978-7-302-48331-1

Ⅰ. 计… Ⅱ. ①朱… Ⅲ. ①AutoCAD 软件—高等职业教育—教材 Ⅳ. ①TP391.72

中国版本图书馆 CIP 数据核字(2017)第 216448 号

责任编辑：陈立静
装帧设计：王红强
责任校对：宋延清
责任印制：沈　露

出版发行：清华大学出版社
　　　　　网　　　址：http://www.tup.com.cn, http://www.wqbook.com
　　　　　地　　　址：北京清华大学学研大厦 A 座　　　　邮　　编：100084
　　　　　社 总 机：010-62770175　　　　　　　　　　　邮　　购：010-62786544
　　　　　投稿与读者服务：010-62776969, c-service@tup.tsinghua.edu.cn
　　　　　质量反馈：010-62772015, zhiliang@tup.tsinghua.edu.cn
　　　　　课件下载：http://www.tup.com.cn, 010-62791865
印 装 者：三河市金元印装有限公司
经　销：全国新华书店
开　本：185mm×260mm　　　　印　张：11　　　　字　数：254 千字
版　次：2017 年 10 月第 1 版　　印　次：2021 年 1 月第 3 次印刷
定　价：30.00 元

产品编号：073492-01

前　　言

针对高等职业教育培养技术、技能型一线人才的需要，本教材注重项目教学与职业标准的有效对接，注重培养学生的计算机绘图能力以及在工程中的实际应用能力，在传统教学内容的基础上进行了适当、有序的整合。本教材以项目为主体展开教学，包含 6 个项目。

项目 1：平面图形的绘制。用户界面的分析，坐标和命令的输入，绘制平面图的方法和步骤。

项目 2：组合体视图的绘制。图层的设置，命令的运用，尺寸的标注，绘制组合体视图的方法和步骤。

项目 3：零件图的绘制。标注样式，对象特性，文字格式管理器的设置，绘制零件图的方法和步骤。

项目 4：装配图的绘制。图块的定义和插入，表格的创建和编辑，绘制装配图的方法和步骤。

项目 5：基本形体的三维建模。用户坐标系的建立，基本体的创建，布尔运算的操作，运用基本体结合布尔运算绘制三维实体。

项目 6：典型零件的三维建模。视点的选择，命令的输入，尺寸的标注，实体的编辑，运用基本体法、拉伸法、旋转法绘制三维实体。

本教材在教学设计和内容组织上具有下列特点。

(1) 以在实用的基础上适当拓展为基本原则，以强化应用、具备能力为教学目标，以掌握国家技术标准及典型零件的识读与绘制为教学重点，规范、有序地处理项目教学和职业标准、计算机绘图和看图之间的关系，力争学有实效、学有所用，努力为学生将来的工作和发展打下扎实的技术基础。

(2) 根据典型工作任务归纳职业能力要求，按照学习和职业成长规律将职业能力从简单到复杂、从单一到综合进行整合，归纳出相应的学习内容(知识准备)和行动内容(任务驱动)，以行动为导向展开教学，让学生在学习和行动中掌握知识和能力。

(3) 采用新版《技术制图》、《机械制图》国家标准编写，例如用 2007 年颁布实施的《产品几何技术规范(GPS)技术产品文件中表面结构的表示法》(GB/T 131—2006)代替《机械制图表面粗糙度符号、代号及其标注》(GB/T 131—1993 表面粗糙度)实施项目教学，并采用 2012 版 AutoCAD(机械类)作为计算机绘图软件。

本教材可以满足高等职业教育机电类专业以及中高职贯通培养、成人教育、培训班、自学者学习计算机绘图(AutoCAD 机械类)的基本要求，推荐学时为 64 或 96。

本教材由上海电子信息职业技术学院朱勇、周苑、赵春华编著，单贵审稿。虽然作者以多年的项目教学和课程建设经验、精益求精的职业态度、对工程实际的深入了解为底蕴编写本书，但不完美之处在所难免，恳请各位师生批评指正(电子版意见反馈表可从下载资源中查取，回信至 20070470@stiei.edu.cn)，以便再版时调整与改进，谢谢！

编　者

2017 年 8 月

目　　录

项目 1   平面图形的绘制

项目简介 ▮▮▮

AutoCAD 2012 功能强大，界面友好，采用人机对话方式操作，具备完善的图形绘制、保存、输出功能，是绘制工程图样的重要工具之一。利用 AutoCAD 绘图软件绘制平面图形是计算机绘图的入门内容，也是绘制工程图样的技术基础。

学习要点 ▮▮▮

本项目主要学习 AutoCAD 2012 绘图软件的工作界面和功能、基本操作命令的选用和执行、平面图形的分析和绘制，同时培养学习者良好的绘图习惯，进一步提高看图、画图能力，为后续项目教学的顺利开展做好必要的技术储备。

知识目标 ▮▮▮

(1) 会分析用户界面、能正确设置线型、输入坐标和命令。
(2) 能熟练运用缩放、正交、线宽、对象捕捉等透明命令。
(3) 能熟练运用直线、矩形、圆、修剪、偏移等绘图和修改命令。
(4) 能熟练运用 AutoCAD 绘图软件的各项功能和命令绘制平面图形。

1.1   AutoCAD 2012 的基础知识

AutoCAD 2012 中文版是美国 Autodesk 公司针对中国大陆地区发布的平面设计软件，其制作和使用充分兼顾了工程制图人员的绘图习惯，使其能够轻松地绘制带有平面视图或三维效果的工程图样，是工程制图的理想工具。

1.1.1   主要功能

1. 图形绘制功能

AutoCAD 2012 绘图软件利用计算机的计算功能以及高效的图形处理能力为用户提供了无纸化的图形设计空间，可方便、高效、优质地绘制二维平面图(如零件图)和三维立体图(如轴测图)。本课程的教学重点是绘制零件图并对其进行三维建模。

2. 图形保存与输出功能

与 Windows 软件一样，AutoCAD 2012 绘图软件同样具备对所绘制的工程图样进行打开、保存、输出等功能，进而解决了用图纸手工绘图时修改、保存、出图的种种不便。

3. 操作功能

AutoCAD 2012 绘图软件采用人机对话方式进行绘图操作，具体的操作命令可方便地调用并放在工作界面上，使其一目了然，便于选用和启动。命令启动后的操作步骤会在工作界面的命令区中逐一显示，非常直观且简单易学。

1.1.2 工作界面

双击 AutoCAD 2012 简体中文版桌面图标，或者从程序组中选择命令(开始菜单→所有程序→Autodesk→AutoCAD 2012-Simplified Chinese 文件夹→AutoCAD 2012-Simplified Chinese)，启动后的 AutoCAD 2012 "草图与注释"工作界面如图 1-1 所示。

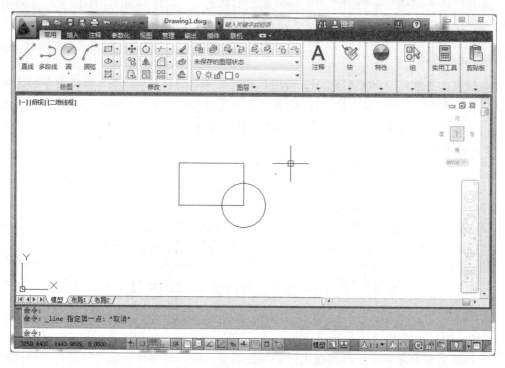

图 1-1　"草图与注释"工作界面

单击左上角快速访问工具栏中的"工作空间"按钮，选择如图 1-2 所示的下拉列表框中的"AutoCAD 经典"选项，其工作界面如图 1-3 所示。

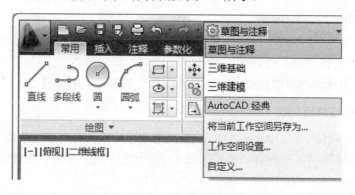

图 1-2　选择"AutoCAD 经典"选项

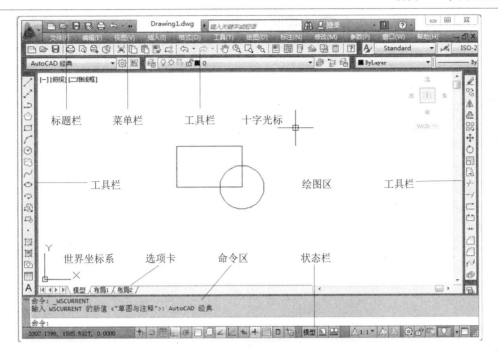

图 1-3　"AutoCAD 经典"工作界面

AutoCAD 2012 中文版的"草图与注释"工作界面和"AutoCAD 经典"工作界面的操作功能完全相同，用户可根据自己的绘图习惯自行选择，目前比较常用的是"AutoCAD 经典"工作界面，该界面也是本项目介绍的重点。

"AutoCAD 经典"工作界面包括标题栏、菜单栏、工具栏、绘图区、命令区、状态栏以及选项卡等七大功能区，现分别介绍如下。

1. 标题栏

标题栏位于工作界面的最上方，主要显示应用程序菜单、工作空间菜单、快速访问工具栏、运行文件的文件名以及 ▭ ▢ ✕ 按钮。

2. 菜单栏

菜单栏位于标题栏的下方，包含 AutoCAD 2012 绘图软件全部的功能和命令。菜单栏由"文件"、"编辑"、"视图"、"插入"、"格式"、"工具"、"绘图"、"标注"、"修改"等 12 个菜单项(命令菜单)组成。

命令菜单通常以隐藏子菜单的方式存在。命令右侧有▶符号的表示含隐藏的子菜单，有"…"标记的表示单击后将弹出对话框。如图 1-4 所示为"视图"菜单和"缩放"子菜单的显示形式。

快捷菜单：又称上下文菜单。利用快捷菜单可快速、高效地完成相应对象的绘图操作，其使用方法是——将光标置于访问对象处，右击鼠标即可显示快捷菜单。

3. 工具栏

工具栏又称工具条，主要作用是方便用户访问常用的命令、设置各种模式、直观实现各类操作，是一种可以替代命令和下拉菜单的常用简便工具，其中的"标准"、"样

式"、"工作空间"、"图层"、"特性"、"绘图"、"修改"工具栏是系统默认的常用工具栏。

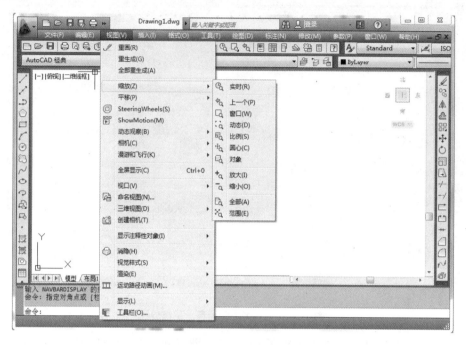

图 1-4　"视图"菜单和"缩放"子菜单

工具栏的调用：将光标置于任一工具栏上右击，在系统显示的快捷菜单上选择所需的工具栏。如图 1-5 所示即为调用了"标注"工具栏、"对象捕捉"工具栏。

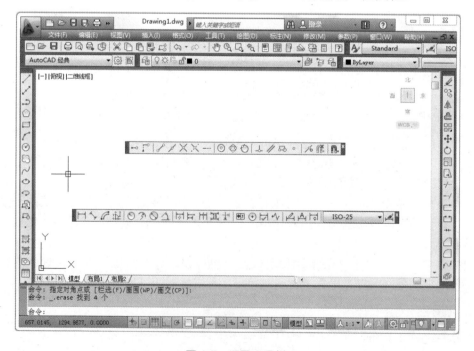

图 1-5　调用工具栏

调出后的工具栏可用鼠标左键点中拖动至屏幕的左、右侧或上部成为固定工具栏，或者用后关闭。

4. 绘图区

绘图区又称绘图窗口，是 AutoCAD 绘图的主要区域，类似于图纸。绘图区内的十字光标用于显示绘图过程中所绘图形元素的当前位置或拾取的图形元素。

5. 命令区

命令区又称命令窗口，是用户与 AutoCAD 对话的窗口，用于显示用户从键盘、菜单或工具栏按钮中输入的命令内容，初学者应特别注意这个窗口。

6. 状态栏

状态栏位于工作界面的底部，其左侧为坐标区，用于显示十字光标在绘图窗口中的具体位置。中间是一些开关按钮，用于绘图时启用正交模式、对象捕捉、对象捕捉追踪以及显示/隐藏线宽等功能，按钮高亮显示时表示该按钮的功能已被打开。

7. 选项卡

选项卡位于绘图区的下方，包含"模型"、"布局 1"、"布局 2"三个选择项目。"模型"是一个无限大的区域，常用于绘图，而布局可用于打印输出。

1.1.3　命令的启动和操作

AutoCAD 2012 软件的绘图功能采用人机对话的方式实现。用户可以通过软件提供的各种命令和选项将绘图意向告诉计算机，系统则提供多种绘图方法供用户选择和使用，因此，使用软件绘图的关键就是会使用命令和选项。

1. 命令的启动

命令的启动可以有多种方式，列举如下。

(1) 直接用鼠标选择菜单命令或用鼠标左键单击(简称"单击")工具栏中的命令按钮，通过单击工具栏中的命令按钮来启动命令是最常用的方法。

(2) 在命令行中用键盘输入字母命令，如启动"直线"命令时输入 LINE(或 L)即可。

(3) 单击鼠标右键调出快捷菜单，选择菜单中的命令。

(4) 想要重复刚结束的命令时，可以按 Enter 键。

2. 命令的操作

命令启动后，命令行中就会出现提示信息，此时用户可根据需要进行选择和操作。命令操作的提示信息主要反映两方面的内容：实现命令意图的各种方式；操作步骤。

下面以"圆角"命令的操作过程为例进行介绍。单击"修改"工具栏中的"圆角"按钮 启动命令后，系统出现如图 1-6 所示的提示信息。

第一行系统提供了倒"圆角"的操作步骤和方括号[]里的选项。所有选项均为并列关系，并用斜杠(/)分隔。现输入字母"r"(大小写字母均可)，表示选择"半径"项。

第二行系统提供了针对半径值选项的操作说明和默认的半径值，并用<>括起。若使用该默认值，直接回车(按 Enter 键)即可；若不使用默认值，可输入新数值，然后回车确认。

> 选择第一个对象或 [放弃(U)/多段线(P)/半径(R)/修剪(T)/多个(M)]: r
> 指定圆角半径 <0.0000>:

图 1-6　命令行中的操作提示信息

3. 各类信息的输入

(1) 数值、坐标、文字的输入。

① 键盘输入：如半径值(50)、点坐标(20, 30)、选项字母"r"和文字等，上述内容输入后一定要按回车键(即 Enter 键)确认。

② 光标拖动：用鼠标左键拖动光标直接在图形上单击完成数值、坐标的输入。

(2) 修改、编辑对象的选择。

修改、编辑对象时，十字光标 中(输入状态)变成 口 拾取框(修改、编辑状态)。移动该光标，直接点选需要修改、编辑的图形或单击图形对角处的两点(左上→右下)拉出矩形选择窗口并将图形罩住，即可完成对象的选择，如图 1-7 所示。

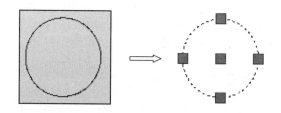

图 1-7　以矩形窗口选择对象(窗口选择)

(3) 结束操作步骤以及退出命令的方法。

按键盘上的空格键、回车键，或者单击鼠标右键调出快捷菜单，选择其中的"确认"命令，均可结束操作步骤和退出命令，若按 Esc 键，可中途退出操作。

1.1.4　文件管理

1. 新建图形文件

新建图形文件的方法有以下几种。
- 在菜单栏中选择"文件"→"新建"命令。
- 在工具栏中单击"新建"按钮 。
- 在命令行中输入"NEW"。

2. 打开图形文件

打开图形文件的方法有以下几种。
- 在菜单栏中选择"文件"→"打开"命令。
- 在工具栏中单击"打开"按钮 。
- 在命令行中输入"OPEN"。

3. 保存图形文件

执行"保存"或"另存为"命令,均可保存图形文件。

(1)"保存"命令。

执行"保存"命令的方法有以下几种。

- 在菜单栏中选择"文件"→"保存"命令。
- 在工具栏中单击"保存"按钮 ┠。
- 在命令行中输入"QSAVE"。

(2)"另存为"命令。

执行"另存为"命令的方法有以下几种。

- 在菜单栏中选择"文件"→"另存为"命令,弹出"图形另存为"对话框,在该对话框中可以进行保存文件的操作。
- 在标题栏中单击"另存为"按钮 ┠。
- 在命令行中输入"SAVEAS"。

4. 关闭图形文件

关闭图形文件的方法有以下几种。

- 在菜单栏中选择"文件"→"关闭"命令。
- 在标题栏或菜单栏中单击"关闭"按钮 ✖。(菜单栏"关闭"按钮仅关闭当前文件)
- 在命令行中输入"CLOSE"。

5. 输出图形文件

输出图形文件的方法有以下几种。

- 在菜单栏中选择"文件"→"打印"命令,打开"打印-模型"对话框,在该对话框中可以进行打印文件的操作。
- 在工具栏中单击"打印"按钮 ┠。
- 在命令行中输入"PLOT"。

1.2　AutoCAD 2012 的辅助功能

1.2.1　坐标表示法

坐标系是 AutoCAD 2012 绘图软件为用户绘图提供的一个参照物,用户可据此进行图形的尺寸计算和位置确定。坐标系可分为世界坐标系(绘制平面图)和用户坐标系(绘制轴测图,又称三维建模)两种,现重点介绍世界坐标系以绘制平面图形。

1. 世界坐标系

世界坐标系(WCS)是系统默认的直角坐标系,它位于绘图区的左下角(见图 1-3)。在二维状态下,Z 轴坐标被自动定义为 0 而不用输入。用户在绘制包括零件图在内的二维图形时,即可在此坐标系下绘图。

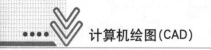

2. 坐标的输入

(1) 绝对坐标：绝对坐标是以坐标原点(0, 0, 0)为基点定位所有的点。

① 绝对直角坐标：绘图区内的任意点均可用(x,y,z)表示。在 XOY 平面绘图时，Z 坐标的默认值为 0，用户仅需输入 X、Y 坐标即可，表示方法是：x 坐标，y 坐标(x,y)。

② 绝对极坐标：极坐标是通过相对于极点的距离和角度来定义点的位置的，其表示方法是：距离＜角度(L＜α)。

(2) 相对坐标：相对坐标表示当前点相对于前一点的位置，其表示方法是在坐标值前添加"@"。由于无须考虑与坐标原点之间的尺寸关系，只要知道当前两点的关系即可，因此在实际绘图时常采用相对坐标来确定当前点的位置。

① 相对直角坐标：@ x, y

② 相对极坐标：@L＜α

注意：系统默认正 X 方向(东)为 0°角，α 的正负号规定是"逆为正，顺为负"。

(3) 键盘+鼠标：光标指出点的移动方向(如+90°)，从键盘输入点的位置(如 180，可理解为线段长度或移动距离)，常用于"正交模式"状态下点坐标的输入。

1.2.2　常用透明命令(一)

所谓"透明命令"指的是在"绘图"、"修改"等操作命令的执行过程中由于某种需要可随时插入的命令，插入命令执行结束后并不影响原命令的继续执行。

图 1-8 为"标准"工具栏中的透明命令——缩放命令，状态栏中的"正交模式"、"对象捕捉"、"对象捕捉追踪"、"动态输入"、"显示/隐藏线宽"等透明命令如图 1-9 所示。

图 1-8　"标准"工具栏中的缩放命令

图 1-9　状态栏中的透明命令

1. "放弃"命令

此命令用于撤销上一次操作的命令，连续使用可顺序撤销有关的操作，但不能跳跃撤销。执行"放弃"命令的方法有以下几种。

● 在菜单栏中选择"编辑"→"放弃"命令。

● 在工具栏中单击"放弃"按钮。

● 在命令行中输入"UNDO"。

2. "重做"命令

此命令用于恢复使用 UNDO 命令撤销的操作，但只能在"放弃"命令之后使用。执行"重做"命令的方法有以下几种。

- 在菜单栏中选择"编辑"→"重做"命令。
- 在工具栏中单击"重做"按钮↪。
- 在命令行中输入"REDO"。

3. "实时平移"命令

此命令用于对图形进行平移操作，以便查看图形的不同部分或移动至某一区域。执行"实时平移"命令的方法有以下几种。

- 在菜单栏中选择"视图"→"平移"→"实时"命令。
- 在工具栏中单击"实时平移"按钮🖑。
- 在命令行中输入"PAN"。

4. "缩放"命令

此命令用于实现全部或局部图形的缩放显示以方便绘图，常用的是实时缩放、窗口缩放、缩放上一个、范围缩放。必须注意的是，此处所说的"缩放"仅相当于显微镜或放大镜的效果，并不改变图形的实际尺寸。执行"缩放"命令的方法有以下几种。

- 在菜单栏中选择"视图"→"缩放"命令。
- 在命令行中输入"ZOOM"。

(1) 实时缩放：在"标准"工具栏中单击"实时缩放"按钮🔍。

按住鼠标左键向屏幕上方拖动光标则图形放大，反之则图形缩小。按 Esc 键、回车键或右击鼠标、选择快捷菜单上的"退出"命令则退出"实时缩放"命令。(整体缩放)

(2) 窗口缩放：在"标准"工具栏中单击"窗口缩放"按钮🔍。

使矩形窗口内的图形充满当前视窗，常用于局部放大图形。窗口越大，放大的比例值越小；窗口越小，放大的比例值越大。(局部缩放)

(3) 缩放上一个：在"标准"工具栏中单击"缩放上一个"按钮🔍。

恢复上一幅显示的图形，通常与"窗口缩放"命令配套使用。必须注意的是，如果连续使用该命令，则仅可恢复至前 10 幅窗口显示的图形。

(4) 范围缩放：将当前图形最大限度地充满当前窗口。实际操作时常用于全部图形的显示，如图形完成后准备存盘或打印。通常采用命令行输入的方法完成此操作：Z✓ → E✓(回车)。

5. "正交模式"命令

此命令用于限定光标在任何位置都只能沿水平或垂直方向移动以绘制水平线和垂直线。绘图时若需启用正交模式，应打开状态栏中的"正交模式"开关⌐。

6. "对象捕捉"命令

此命令在不输入坐标、不进行计算的情况下，直接在已有线段或实体上用鼠标控制光标磁吸寻找特殊点，其常见的捕捉类型有：端点✗、中点✗、圆心◎、交点✕、垂足⊥、切点○、象限点✦。绘图时若需捕捉对象，应打开状态栏中的"对象捕捉"开关▢。

实际操作时，当把光标置于对象特征点的附近时，系统就会根据光标的位置和设定的对象捕捉方式捕捉该对象上符合捕捉条件的几何特征点，并显示相应的标记。

(1) 自动捕捉。

自动捕捉是一种智能捕捉方式，常用于端点、交点、圆心等的捕捉，设置方法如下。

- 在菜单栏中选择“工具”→“绘图设置”命令，打开“草图设置”对话框，在该对话框中进行自动捕捉的设置(√)，如图 1-10 所示。
- 将光标置于状态栏中的“对象捕捉”按钮上右击，选择快捷菜单中的“设置”命令，弹出“草图设置”对话框，在该对话框中进行自动捕捉的设置。

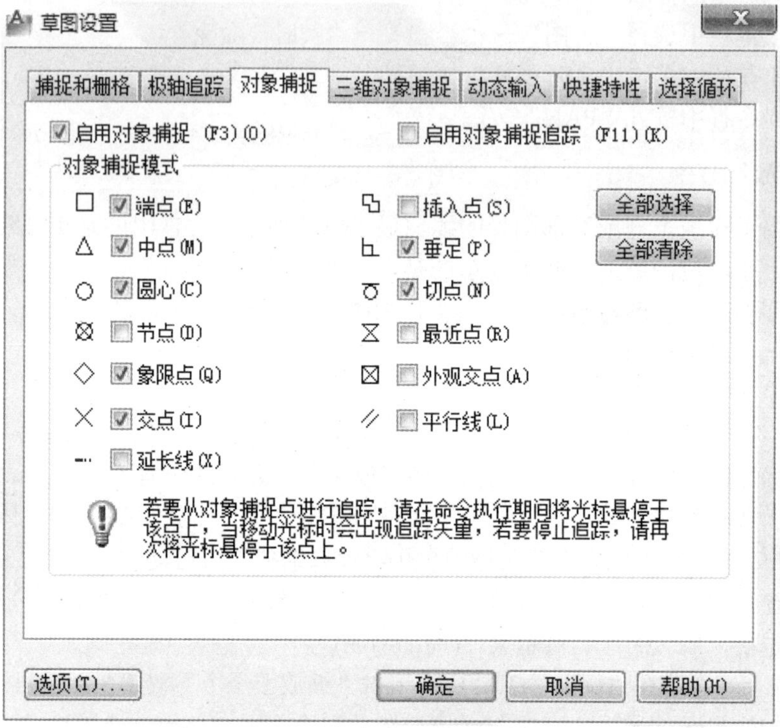

图 1-10　自动捕捉的设置

(2) 即时捕捉。

采用图 1-11 所示的“对象捕捉”工具栏按钮进行一次性捕捉，具有捕捉任意位置几何特殊点的功能，设置方法是：将光标置于任一工具栏上，右击，弹出快捷菜单，选择“对象捕捉”命令后弹出“对象捕捉”工具栏(浮动工具栏，一般置于绘图窗口右侧，成为固定工具栏)。

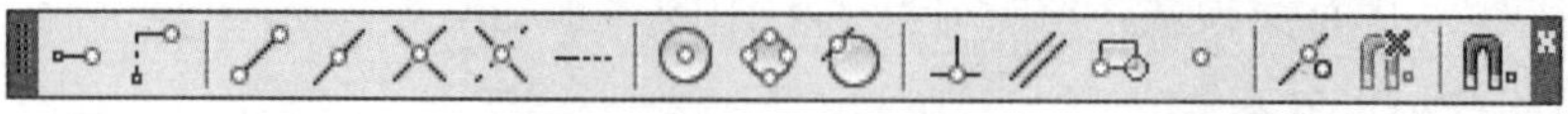

图 1-11　“对象捕捉”工具栏

7. “动态输入”命令

动态输入模式就是在光标附近提供一个命令界面并随着光标移动而动态更新，从而使用户专注于绘图区，便捷地根据命令提示、显示的参数值(一般在西文状态下输入)进行有关操作。绘图时若需启用动态输入，应打开状态栏中的“动态输入”开关。

1.2.3　"特性"工具栏

AutoCAD 2012 绘图软件默认的工具栏共有 7 个，分别是"工作空间"、"标准"、"特性"、"样式"、"图层"、"绘图"、"修改"。

"特性"工具栏的主要作用是随机设置或修改图线的颜色(下拉列表框 1)、线型(下拉列表框 2)和线宽(下拉列表框 3，打开状态栏中的"显示/隐藏线宽"开关┿才能显示不同的线宽)，均采用下拉列表框进行设置，如图 1-12 所示。

图 1-12　"特性"工具栏

1. "线型"设置

单击"线型控制"下拉按钮，在打开的下拉列表框中选择"其他"选项，系统弹出"线型管理器"对话框，如图 1-13 所示。

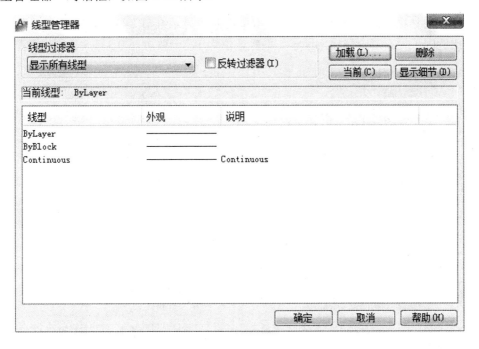

图 1-13　"线型管理器"对话框

单击"线型管理器"对话框中的"加载"按钮，系统弹出如图 1-14 所示的"加载或重载线型"对话框。在该对话框中选中具体线型后单击"确定"按钮，"线型控制"窗口即会显示选中的线型。

2. "线型"选择

(1) 根据《技术制图标准》(GB / T 17450—1998)中的有关规定，线型选择推荐如下：实线 Continuous，点画线 ACAD_ISO04W100，虚线 ACAD_ISO02W100。

图 1-14 "加载或重载线型"对话框

(2) 为更清晰、合理、美观地显示虚线和点画线，必要时可单击如图 1-15 所示的"线型管理器"对话框中的"显示细节"按钮(单击后"显示细节"变成"隐藏细节")来调整"全局比例因子"。"全局比例因子"的默认值为 1，一般可在 0.3~1.5 范围内调整。

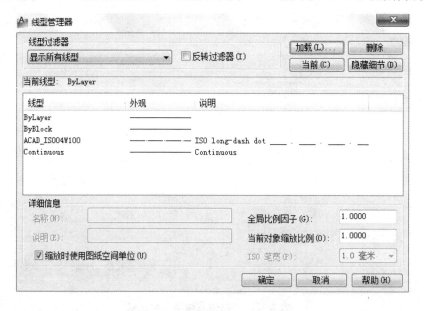

图 1-15 "全局比例因子"的设定

1.3 平面图形的绘制方法和步骤

1.3.1 常用绘图命令

AutoCAD 2012 绘图软件提供的二维绘图命令只能在 XY 默认坐标平面内使用，可以绘制各种形状的线段和标准图形，如直线、样条曲线、矩形、圆等。

将光标在绘图命令按钮上停留片刻，就会出现如图 1-16 所示的命令提示，按 F1 键就能获得与命令有关的帮助。有些命令(如图案填充、多行文字等)将在后续项目教学中重点介绍，现仅介绍常用绘图命令。

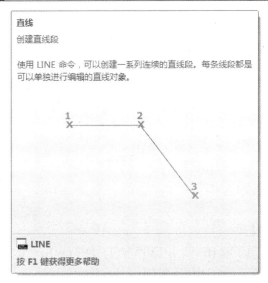

图 1-16　"绘图"工具栏和命令提示

1. "直线"命令

(1) 命令输入。

执行"直线"命令的方法有以下几种。

● 在菜单栏中选择"绘图"→"直线"命令。

● 在工具栏中单击"直线"按钮。(通常采用单击工具栏按钮的方法执行命令)

● 在命令行中输入"LINE"。

(2) 操作格式。

命令：单击"直线"按钮

指定第一点：

指定下一点或[放弃(U)]：

指定下一点或[闭合(C)/放弃(U)]：

(3) 选项说明。

输入 C：自动形成封闭图形。输入 U：表示放弃上一次操作。

2. "圆"命令

(1) 命令输入。

执行"圆"命令的方法有以下几种。

● 在菜单栏中选择"绘图"→"圆"命令。

● 在工具栏中单击"圆"按钮。

● 在命令行中输入"CIRCLE"。

(2) 操作格式。

命令：单击"圆"按钮⊙

指定圆的圆心或[三点(3P)/两点(2P)/切点、切点、半径(T)]：

指定圆的半径或[直径(D)]：

(3) 选项说明。

通常采用指定"圆心"和"半径"的方法绘制圆。输入 T 表示根据已知半径和两个切点绘制线段之间的切线，是圆弧连接的常用选项。

3. "矩形"命令

(1) 命令输入。

执行"矩形"命令的方法有以下几种。

● 在菜单栏中选择"绘图"→"矩形"命令。

● 在工具栏中单击"矩形"按钮▭。

● 在命令行中输入"RECTANG"。

(2) 操作格式。

命令：单击"矩形"按钮▭

指定第一个角点或[倒角(C)/标高(E)/圆角(F)/厚度(T)/宽度(W)]：

指定另一个角点或[面积(A)/尺寸(D)/旋转(R)]：

(3) 选项说明。

第一个角点确定后，可用相对直角坐标 @ x, y 输入对角点的坐标。绘制矩形时，一般不用操作格式中的各个选项。

4. "多边形"命令

(1) 命令输入。

执行"多边形"命令的方法有以下几种。

● 在菜单栏中选择"绘图"→"多边形"命令。

● 在工具栏中单击"多边形"按钮⬠。

● 在命令行中输入"POLYGON"。

(2) 操作格式。

命令：单击"多边形"按钮⬠

输入侧面数<4>：

指定正多边形的中心点或[边(E)]：

输入选项[内接于圆(I)/外切于圆(C)]<I>：

指定圆的半径：

(3) 选项说明。

输入 I：绘制与圆内接的正多边形。输入 C：绘制与圆外切的正多边形。

1.3.2 常用修改命令(一)

AutoCAD 2012 绘图软件提供的"修改"工具栏如图 1-17 所示，这里重点介绍"删除"、"复制"、"镜像"、"偏移"、"阵列"、"修剪"、"打断"等修改命令。

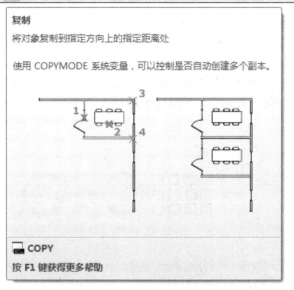

图 1-17　"修改"工具栏和命令提示

1．"删除"命令

此命令用于删除图形中所选的对象。执行"删除"命令的方法有以下几种。

- 在菜单栏中选择"修改"→"删除"命令。
- 在工具栏中单击"删除"按钮 。
- 在命令行中输入"ERASE"。

2．"复制"命令

此命令用于在当前图形中复制单个或多个图形对象。执行"复制"命令的方法有以下几种。

- 在菜单栏中选择"修改"→"复制"命令。
- 在工具栏中单击"复制"按钮 。
- 在命令行中输入"COPY"。

3．"镜像"命令

此命令用于复制相对于镜像线完全对称的图形对象。执行"镜像"命令的方法有以下几种。

- 在菜单栏中选择"修改"→"镜像"命令。
- 在工具栏中单击"镜像"按钮 。
- 在命令行中输入"MIRROR"。

4．"偏移"命令

此命令用于复制平行直线以及同心的圆弧、圆等。执行"偏移"命令的方法有以下

几种。

- 在菜单栏中选择"修改"→"偏移"命令。
- 在工具栏中单击"偏移"按钮⬚。
- 在命令行中输入"OFFSET"。

5."阵列"命令

此命令用于按矩形或环形方式多重复制图形对象。执行"阵列"命令的方法有以下几种。

- 在菜单栏中选择"修改"→"阵列"命令。
- 在工具栏中单击"矩形阵列"按钮⬚或"环形阵列"按钮⬚。
- 在命令行中输入"ARRAY"。

6."修剪"命令

此命令用于将所选对象的一部分切断或切除。执行"修剪"命令的方法有以下几种。

- 在菜单栏中选择"修改"→"修剪"命令。
- 在工具栏中单击"修剪"按钮⬚。
- 在命令行中输入"TRIM"。

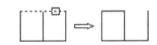

7."打断"命令

此命令用于将选定的对象实体进行部分删除，或将图形对象断为两个实体。执行"打断"命令的方法有以下几种。

- 在菜单栏中选择"修改"→"打断"命令。
- 在工具栏中单击"打断"按钮⬚。
- 在命令行中输入"BREAK"。

8."夹点"命令

此命令用于将选定的对象实体进行拉伸或移动，是一种非常简单、实用的编辑手段，常用于改变线段长度(如点画线)或移动有关对象(如文字)。

操作方法：选中对象(产生蓝色夹点)，单击夹点并拖动，即可进行相关编辑(此时夹点变为红色)。图 1-18 所示为圆的轴线的长短调整(打开"正交模式"开关)。

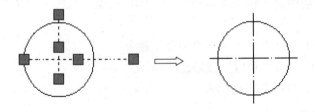

图 1-18 "夹点"的应用

1.3.3 绘制方法和步骤(案例精解)

【例 1-1】坐标和图形

综合运用绘图命令、透明命令、"特性"工具栏等绘制如图 1-19 所示的直线、圆、矩形、多边形等常规图形,运用"删除"、"修剪"、"夹点"命令进行图形的修改。

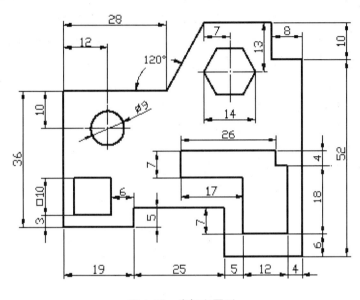

图 1-19 坐标和图形

步骤 1 设置工作环境

(1) 通过"草图设置"对话框(见图 1-10)将中点、垂足、切点、象限点设置为自动捕捉。

(2) 通过"特性"工具栏(见图 1-12)的"颜色控制"下拉列表框将图线颜色设置为"红",再从"线宽控制"下拉列表框将线宽设置为"0.50mm"。选择"线型控制"下拉列表框中的"其他"加载点画线 ACAD_ISO04W100,线型仍保持 ByLayer(随层)默认状态。

(3) 通过如图 1-9 所示的状态栏打开 "正交模式"、"对象捕捉"、"动态输入"、"显示/隐藏线宽"开关等透明命令(高亮显示),关闭"栅格显示"开关。

步骤 2 绘制外形轮廓

运用键盘和鼠标相结合的方法绘制水平线和垂直线;运用相对极坐标输入斜线(假设斜长 33,输入 @ 33 <60)并修剪;运用"实时平移"、"实时缩放"、"窗口缩放"等透明命令将图形适当放大(约占绘图窗口的 2/3)并移至合适位置(居中)。

(1) 单击"绘图"工具栏中的"直线"按钮 ╱ 绘制直线。

指定第一点:在绘图区的任意位置单击作为外形轮廓的起始点 A

指定下一点或[放弃(U)]:**19** 按回车键(用光标指明线段的移动方向,下同)

指定下一点或[放弃(U)]:**5** 按回车键

指定下一点或[闭合(C)/放弃(U)]：**25** 按回车键

指定下一点或[闭合(C)/放弃(U)]：**13** 按回车键

指定下一点或[闭合(C)/放弃(U)]：**21** 按回车键

指定下一点或[闭合(C)/放弃(U)]：**52** 按回车键

指定下一点或[闭合(C)/放弃(U)]：**8** 按回车键

指定下一点或[闭合(C)/放弃(U)]：**10** 按回车键

指定下一点或[闭合(C)/放弃(U)]：**33** 按回车键(33 为假设长度)

指定下一点或[闭合(C)/放弃(U)]：按回车键退出命令(或：右击→快捷菜单→"确认")

(2) 继续调用"直线"绘图命令绘制直线：右击调出快捷菜单，选择"重复直线"命令。

指定第一点：选择点 A

指定下一点或[放弃(U)]：**36** 按回车键

指定下一点或[放弃(U)]：**28** 按回车键

指定下一点或[闭合(C)/放弃(U)]：**@ 33＜60** 按回车键

指定下一点或[闭合(C)/放弃(U)]：按回车键退出命令，完成直线的绘制

有待修剪的外形轮廓如图 1-20 所示。

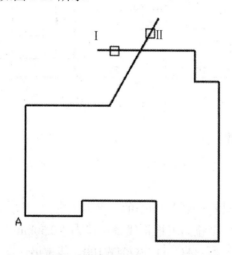

图 1-20　绘制待修剪的外形轮廓

(3) 单击"修改"工具栏中的"修剪"按钮 修剪多余线段。

选择对象或<全部选择>：按回车键(或"右击")

选择要修剪的对象，或按住 Shift 键选择要延伸的对象，或

[栏选(F)/窗交(C)/投影(P)/边(E)/删除(R)/放弃(U)]：选择线段Ⅰ

选择要修剪的对象，或按住 Shift 键选择要延伸的对象，或

[栏选(F)/窗交(C)/投影(P)/边(E)/删除(R)/放弃(U)]：选择线段Ⅱ

选择要修剪的对象，或按住 Shift 键选择要延伸的对象，或

[栏选(F)/窗交(C)/投影(P)/边(E)/删除(R)/放弃(U)]：按回车键退出命令，完成线段的修剪

绘制完成的外形轮廓如图 1-21 所示。

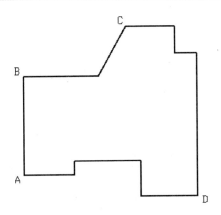

图 1-21   绘制完成的外形轮廓

步骤 3   确定内部图形的定位点

(1) 保证状态栏中的"对象捕捉"开关处于打开状态，运用"直线"绘图命令选择端点 A，输入相对直角坐标@3,3 得到矩形的定位点 a。

(2) 继续运用"直线"绘图命令，分别选择 B、C、D 点，输入相对直角坐标 @ 12,-10、@ 7,-13 和@ -4,6，得到圆、六边形、L 边形的定位点 b、c、d，如图 1-22 所示。

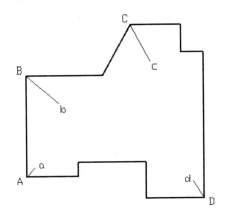

图 1-22   确定内部图形的定位点

步骤 4   绘制内部图形

运用"矩形"、"圆"、"多边形"、"直线"绘图命令绘制内部图形；运用点画线 (ACAD_ISO04W100) 绘制圆和六边形的轴线；运用"线型管理器"对话框中的"显示细节"按钮将"全局比例因子"设为 0.3。

(1) 单击"绘图"工具栏中的"矩形"按钮▭绘制矩形。

指定第一个角点或[倒角(C)/标高(E)/圆角(F)/厚度(T)/宽度(W)]：选择点 a

指定另一个角点或[面积(A)/尺寸(D)/旋转(R)]：**@10,10** 按回车键退出命令，完成矩形的绘制

(2) 单击"绘图"工具栏中的"圆"按钮⊘绘制圆。

指定圆的圆心或[三点(3P)/两点(2P)/相切、相切、半径(T)]：选择点 b

指定圆的半径或[直径(D)]：**4.5** 按回车键退出命令，完成圆的绘制

(3) 单击"绘图"工具栏中的"多边形"按钮⬡绘制六边形。

输入边的数目<4>：**6** 按回车键

指定正多边形的中心点或[边(E)]：选择点 c

输入选项[内接于圆(I)/外切于圆(C)]<I>：按回车键

指定圆的半径：**7** 按回车键退出命令，完成六边形的绘制

(4) 单击"绘图"工具栏中的"直线"按钮／绘制 L 边形。

指定第一点：选择点 d

指定下一点或[放弃(U)]：**12** 按回车键

指定下一点或[放弃(U)]：**15** 按回车键

指定下一点或[闭合(C)/放弃(U)]：**17** 按回车键

指定下一点或[闭合(C)/放弃(U)]：**7** 按回车键

指定下一点或[闭合(C)/放弃(U)]：**26** 按回车键

指定下一点或[闭合(C)/放弃(U)]：**4** 按回车键

指定下一点或[闭合(C)/放弃(U)]：**3** 按回车键

指定下一点或[闭合(C)/放弃(U)]：**C** 按回车键退出命令，完成 L 边形的绘制

(5) 单击"修改"工具栏中的"删除"按钮🖊删除 4 根定位线。

选择对象：选择定位线 Aa

选择对象：选择定位线 Bb

选择对象：选择定位线 Cc

选择对象：选择定位线 Dd

选择对象：按回车键退出命令，完成删除

绘制完成的内部图形如图 1-23 所示。

(6) 选中"线型控制"下拉列表框中的 ACAD_SO04W100，同时设置点画线的颜色为"青"，线宽为"默认"。

① 单击"绘图"工具栏中的"直线"按钮／绘制圆的点画线。

指定第一点：选择 $\phi9$ 圆的 180°象限点

指定下一点或[放弃(U)]：选择 $\phi9$ 圆的 0°象限点

指定下一点或[放弃(U)]：按回车键

② 右击调出快捷菜单，选择"重复直线"命令继续绘制圆的点画线。

指定第一点：选择 $\phi9$ 圆的 90°象限点

指定下一点或[放弃(U)]：选择 $\phi9$ 圆的 270°象限点

指定下一点或[放弃(U)]：按回车键

③ 右击调出快捷菜单，选择"重复直线"命令绘制六边形的点画线。

指定第一点：选择六边形水平边的中点

指定下一点或[放弃(U)]：选择六边形另一条水平边的中点

指定下一点或[放弃(U)]：按回车键

④ 右击调出快捷菜单，选择"重复直线"命令继续绘制六边形的点画线。

指定第一点：选择六边形的左侧端点

指定下一点或[放弃(U)]：选择六边形的右侧端点

指定下一点或[放弃(U)]：按回车键退出命令，完成点画线的绘制

⑤ 运用"夹点"命令拉伸点画线，具体方法如下。

关闭"对象捕捉"开关以免磁吸影响拉伸，保证"正交模式"开关打开。分别选中各条点画线并单击其端点，此时命令行提示：

指定拉伸点或[基点(B)/复制(C)/放弃(U)/退出(X)]：拖动 2 mm 左右单击，完成点画线的拉伸。

绘制完成的平面图形如图 1-24 所示。

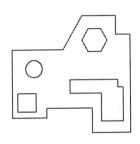

图 1-23　绘制的内部图形

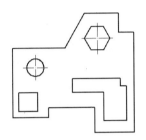

图 1-24　绘制完成的平面图形

步骤 5　显示图形并保存

保证状态栏中的"显示/隐藏线宽"开关打开以观察图线效果，检查轮廓线(红色)的线宽(0.50 mm)、点画线(青色)的线宽(默认)是否正确。

如果绘图区中显示的轮廓线太粗，影响视觉效果，则可选择菜单栏中的"格式"→"线宽"命令，打开"线宽设置"对话框，在该对话框中将"调整显示比例"项的滑块向左拖动 1~2 格，直至得到满意的线宽显示为止，如图 1-25 所示。

调整线宽的显示比例并不影响图形打印后的实际效果(实际线宽不变)。另外，系统默认的线宽为 0.25 mm，用户可根据自己的需求或习惯重新设置默认线宽。

在命令行输入 Z↙ → E↙(回车)，将平面图形先充满绘图区，再采用"实时缩放"透明命令将其适当缩小，检查无误后，以本例的名称作为文件名保存。

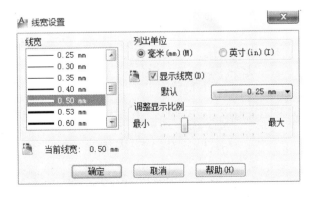

图 1-25　"线宽设置"对话框

【例 1-2】相切和修剪

综合运用"直线"命令和"圆"命令中的重要选项"切点、切点、半径(T)"，绘制出如图 1-26 所示的平面图形，同时采用"偏移"、"修剪"、"夹点"等命令对图形进行必要的编辑或修改。图线的颜色、线型、线宽参照例 1-1。

步骤 1　确定圆心位置

加载"点画线"线型，运用"直线"绘图命令和"偏移"复制命令确定图形中各个圆心的位置；运用"夹点"编辑命令适当调整点画线的长度；运用"线型管理器"对话框"显示细节"中的"全局比例因子"适当调整点画线的显示，如图 1-27 所示。

现以复制 ϕ35 圆的轴线Ⅰ并右向位移 46 为例，具体说明"偏移"命令的操作方法。

单击"绘图"工具栏中的"偏移"按钮，此时命令行提示：

指定偏移距离或[通过(T)/删除(E)/图层(L)]<通过>：**46** 按回车键

选择要偏移的对象，或[退出(E)/放弃(U)]<退出>：选择轴线Ⅰ

指定要偏移的那一侧上的点，或[退出(E)/多个(M)/放弃(U)]<退出>：选择轴线Ⅰ的右侧

选择要偏移的对象，或[退出(E)/放弃(U)]<退出>：按回车键退出命令，完成轴线Ⅰ的偏移复制

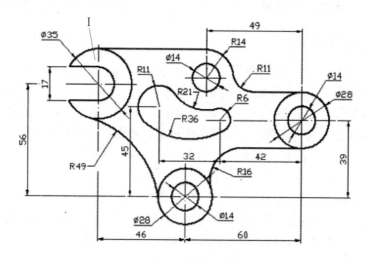

图 1-26　相切和修剪

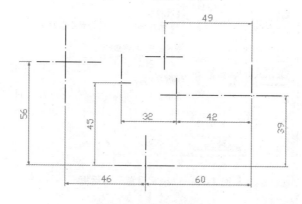

图 1-27　确定圆心位置

步骤 2　绘制已知图形

运用"直线"和"圆"绘图命令绘制已知图形。3 个 $\phi14$ 圆可先绘制 1 个(圆 I)，另外 2 个运用"复制"修改命令复制，如图 1-28 所示。

单击"绘图"工具栏中的"复制"按钮，此时命令行提示：

选择对象：选择圆 I

选择对象：按回车键

指定基点距离或[位移(D)/模式(O)]<位移>：选择圆 I 的圆心(已知的 $\phi14$ 圆的圆心)

指定第二个点或[阵列(A)]<使用第一个点作为位移>：选择圆心点 II(第 2 个 $\phi14$ 圆的圆心)

指定第二个点或[阵列(A)/退出(E)/放弃(U)]<退出>：选择圆心点III(第 3 个 $\phi14$ 圆的圆心)

指定第二个点或[阵列(A)/退出(E)/放弃(U)]<退出>：按回车键退出命令，完成 $\phi14$ 圆的复制

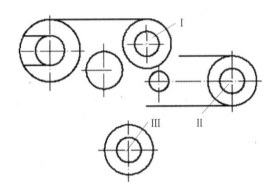

图 1-28　绘制已知图形

步骤 3　绘制连接圆弧

运用"圆"绘图命令中的选项"相切、相切、半径(T)"绘制线段IV和 $\phi28$ 圆的 R16 连接弧(图 1-29)。单击"绘图"工具栏中的"圆"按钮，此时命令行提示：

指定圆的圆心或[三点(3P)/两点(2P)/相切、相切、半径(T)]：**t**(大小写字母均可)

指定对象与圆的第一个切点：选择线段IV与 R16 弧的相切处(切点附近)

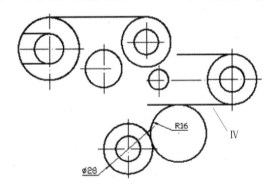

图 1-29　绘制连接圆弧

指定对象与圆的第二个切点：选择ϕ28圆与R16弧的相切处(切点附近)

指定圆的半径：**16**按回车键退出命令，完成R16圆的绘制

利用"T"选项绘制相切圆后应及时修剪。修剪中选择对象时，可采用默认项"全部选择"直接修剪。R11、R21、R36、R49等连接弧的绘制与R16相同。

步骤4　整理图形和显示

运用"夹点"和"修剪"命令整理点画线的长度和多余的线段。图形的显示和保存参照例1-1，绘制完成的平面图形如图1-26所示。

【例1-3】阵列和偏移

综合运用"矩形阵列"和"环形阵列"命令绘制如图1-30所示的平面图形，同时运用的修改命令主要有"偏移"、"镜像、"打断"和"修剪"。通过例解，进一步理解平面图形的几何性质，熟练掌握各种命令的综合运用和绘图技巧。

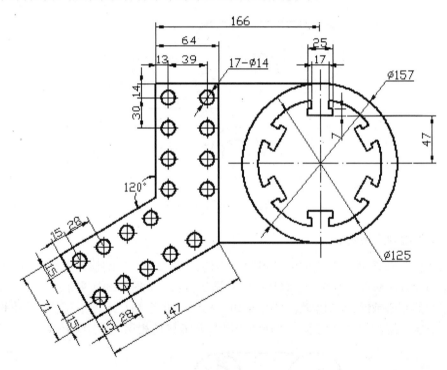

图1-30　阵列和偏移

步骤1　绘制基本图形(图1-31)

(1) 运用"直线"、"圆"、"夹点"命令绘制ϕ157、ϕ125圆的轴线和轮廓线。

(2) 运用"直线"、"偏移"、"修剪"命令以及相对极坐标绘制其他直线。

(3) 运用"直线"、"圆"命令和相对直角坐标绘制左上角ϕ14圆的轴线和轮廓线。

(4) 运用"偏移"命令确定左下角ϕ14圆的圆心，运用"复制"命令复制左上角的ϕ14圆(含轴线)，运用"删除"命令删除两根偏移线(辅助线)。

(5) 运用"偏移"、"修剪"命令绘制T形悬口的左半部分。

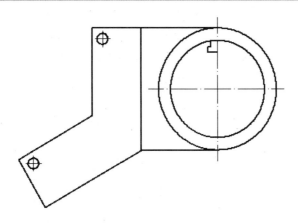

图 1-31　绘制基本图形

步骤 2　镜像 T 形悬口(图 1-32)

单击"修改"工具栏中的"镜像"按钮⚮，此时命令行提示：

选择对象：选择左半部分的 T 形悬口

选择对象：右击

指定镜像线的第一点：选择ϕ125 圆的 90°象限点

指定镜像线的第二点：选择ϕ125 圆的 270°象限点(T 形悬口对称位置的点均可作为镜像点)

要删除源对象吗？[是(Y)/否(N)]<N>：按回车键退出命令，完成 T 形悬口的复制

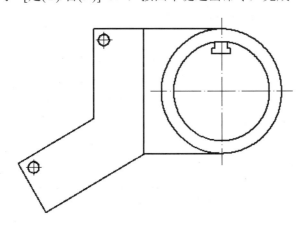

图 1-32　镜像"T"形悬口

步骤 3　阵列 T 形悬口(图 1-33)

单击"修改"工具栏中的"矩形阵列"按钮▦右下方的黑三角，并横向拖动，选中"环形阵列"按钮▦，完成矩形阵列功能向环形阵列功能的转换，此时命令行提示：

选择对象：选择 T 形悬口

选择对象：右击

指定阵列的中心点或[基点(B)/旋转轴(A)]：选择ϕ125 圆的圆心

输入项目数或[项目间角度(A)/表达式(E)]<4>：**6** 按回车键

指定填充角度(+=逆时针、-=顺时针)或[表达式(EX)]<360>：按回车键

按 Enter 接受或[关联(AS)/基点(B)/项目(I)/项目间角度(A)/填充角度(F)/行(ROW)/层(L)/旋转项目(ROT)/退出 (X)]<退出>：按回车键退出命令，完成 T 形悬口的环形阵列

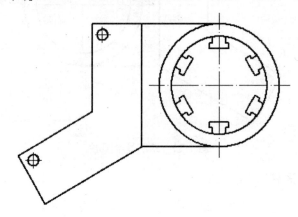

图 1-33　阵列 T 形悬口

步骤 4　阵列 ϕ14 小圆(图 1-34)

(1) 水平方向矩形阵列(0°)。

单击"修改"工具栏中的"环形阵列"按钮右下方的黑三角，并横向拖动，选中"矩形阵列"按钮，完成环形阵列功能向矩形阵列功能的转换，此时命令行提示：

选择对象：选择左上角的 ϕ14 圆(含轴线)

选择对象：右击

为项目数指定对角点或[基点(B)/角度(A)/计数(C)]<计数>：按回车键

输入行数或[表达式(E)]<4>：按回车键(注意运用光标演示行的走向，下同)

输入列数或[表达式(E)]<4>：**2** 按回车键(注意运用光标演示列的走向，下同)

指定对角点以间隔项目或[间距(S)]<间距>：按回车键

指定行之间的距离或[表达式(E)]<49.1839>：**-30** 按回车键(阵列方向为 Y 轴的负向)

指定列之间的距离或[表达式(E)]<49.1839>：**39** 按回车键(阵列方向为 X 轴的正向)

按 Enter 接受或[关联(AS)/基点(B)/项目(I)/行(R)/列(C)/层(L)/退出(X)]<退出>：按回车键退出命令，完成 ϕ14 小圆水平方向的矩形阵列(0° 阵列)

(2) 倾斜方向矩形阵列(30°)。

单击"修改"工具栏中的"矩形阵列"按钮，此时命令行提示：

选择对象：选择左下角的 ϕ14 圆(含轴线)

选择对象：右击

为项目数指定对角点或[基点(B)/角度(A)/计数(C)]<计数>：**a** 按回车键

输入行轴角度<0>：**30** 按回车键

为项目数指定对角点或[基点(B)/角度(A)/计数(C)]<计数>：按回车键

输入行数或[表达式(E)]<4>：**2** 按回车键

输入列数或[表达式(E)]<4>：**5** 按回车键

指定对角点以间隔项目或[间距(S)]<间距>：按回车键

指定行之间的距离或[表达式(E)]<21.2375>：**−41** 按回车键

指定列之间的距离或[表达式(E)]<21.2375>：**28** 按回车键

按 Enter 接受或[关联(AS)/基点(B)/项目(I)/行(R)/列(C)/层(L)/退出(X)]<退出>：按回车键退出命令，完成ϕ14 小圆倾斜方向的矩形阵列(30° 阵列)

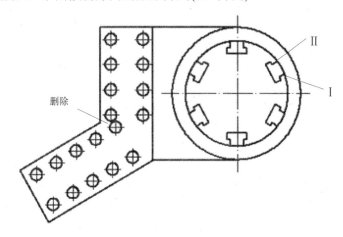

图 1-34　阵列ϕ14 小圆

步骤5　整理图形和显示

运用"删除"命令删除如图 1-34 所示的 30° 矩形阵列后多余的ϕ14 小圆，运用"打断"命令打断 T 形悬口内多余的线段。

单击"修改"工具栏中的"打断"按钮，此时命令行提示：

选择对象：选择ϕ125 圆

指定第二个打断点或[第一点(F)]：**f** 按回车键

指定第一个打断点：选择点 Ⅰ(必须按逆时针方向取点)

指定第二个打断点：选择点 Ⅱ，完成打断

其他 T 形悬口内多余线段的打断与此相同。此操作也可采用"修剪"命令，这说明在 CAD 绘图中，同一个任务采用不同的方法和命令均有可能达到相同的目的，因此在操作时应尽可能采用熟悉、便捷的方法和命令，以提高绘图效率。

图形的显示和保存参照例 1-1，绘制完成的平面图形如图 1-30 所示。

1.4　知识点梳理和回顾

AutoCAD 2012 是美国 Autodesk 公司开发研制的计算机辅助设计应用软件，是利用计算机软硬件系统进行产品开发、设计、修改、模拟、输出的一门综合性应用技术，是目前最流行、最实用的绘图软件。

本项目主要介绍了 AutoCAD 2012 绘图软件的工作界面和功能、基本操作命令的选用和执行、平面图形的分析和绘制，同时培养学习者良好的绘图习惯，进一步提高学习者看图、画图的能力，为后续项目教学的顺利开展做好必要的技术储备。

1.4.1 知识准备

1. AutoCAD 2012 的基础知识

(1) 主要功能。

AutoCAD 2012 绘图软件的主要功能是图形绘制、保存与输出功能，采用人机对话方式进行绘图操作，其文件管理包括"新建"、"打开"、"保存"、"输出"等功能。

AutoCAD 2012 绘图软件有两个工作界面，实际绘图中习惯采用"AutoCAD 经典"作为用户界面，其功能区包含标题栏、菜单栏、工具栏、绘图区、命令区、状态栏和选项卡，最常用的是菜单栏、工具栏、绘图区、命令区和状态栏。

菜单栏包含 AutoCAD 2012 绘图软件的全部功能和命令，主要由"文件"、"编辑"、"视图"、"插入"、"格式"、"绘图"、"标注"、"修改"等十二个菜单项组成。

工具栏通常固定于屏幕的顶端或左、右两侧，其中的"标准"、"图层"、"特性"、"绘图"、"修改"、"标注"、"对象捕捉"是最常用的工具栏。

绘图区是 AutoCAD 绘图的主要区域，而命令区则是用户和 AutoCAD 对话的窗口，用于显示用户从键盘、菜单或工具栏按钮中输入的命令和操作提示。

状态栏中最重要的部分是位于中部的开关按钮，绘图时可根据需要启用正交模式、对象捕捉、对象捕捉追踪、动态输入、线宽显示等功能。

(2) 命令的启动和操作。

常用的命令启动方式是在命令行中用键盘输入字母命令、单击菜单命令、单击工具栏按钮(常用)，而命令的操作主要通过命令行中的各种提示信息完成。

(3) 各类信息的输入。

键盘可直接输入数值、坐标和文字，拖动鼠标直接在图形上单击，也可完成数值、坐标的输入。修改、编辑对象的选择可采用点选和窗选两种方式。

按键盘上的"空格"键或"回车"键、单击鼠标右键调出快捷菜单后选择"确认"命令，均可结束操作步骤和退出命令，按 Esc 键可中途退出操作。

2. AutoCAD 2012 的辅助功能

(1) 坐标表示法。

坐标系是 AutoCAD 2012 绘图软件为用户绘图提供的一个参照物，用户可据此进行图形尺寸的计算和位置确定，绘制平面图形采用的是世界坐标系(WCS)。

绘图时经常采用相对坐标以表示当前点相对于前一点的位置，其中的相对直角坐标表示方法是@ x, y，相对极坐标表示方法是@ L<α。

确定相对极坐标的 α 角时必须注意：系统默认正 X 方向(东)为 0°角，其正负号的规定是"逆为正，顺为负"。

在"正交模式"状态下，点坐标的输入也可采用键盘加鼠标的方式，具体方法是：光标指出点的移动方向，键盘输入点的位置。

(2) 常用透明命令。

透明命令是指在"绘图"、"修改"等操作中可随时插入的命令，插入的命令结束后不影响原命令的继续执行。常用透明命令是"标准"工具栏中的"放弃"、"重做"、"实时平移"、"实时缩放"、"窗口缩放"、"缩放上一个"以及状态栏中的"显示/隐藏线宽➕"、"正交模式🔳"、"对象捕捉🔲"、"动态输入🔼"。

　　"放弃"命令用于撤销上一次操作的命令，"重做"命令用于恢复使用 UNDO 命令后撤销的操作，"实时平移"命令可对图形进行平移操作，"缩放"命令则用于实现全部图形或局部图形的缩放显示，而"缩放上一个"命令用于恢复上一幅显示的图形。

　　"正交模式"命令用于限定光标只能沿水平或垂直方向移动，"对象捕捉"命令可以在不输入坐标、不进行计算而直接在已有线段或实体上用鼠标控制光标磁吸寻找特殊点，"动态输入"模式就是在光标附近提供一个命令界面并随着光标移动而动态更新，而"线宽显示"命令主要用于显示图形中图线的宽度以方便绘图、显示效果。

　　(3) "特性"工具栏。

　　"特性"工具栏可随机设置或修改图线的颜色、线型、线宽，其中的"线型"：实线推荐 Continuous，虚线推荐 ACAD_ISO02W100，点画线推荐 ACAD_ISO04W100。

　　必要时可通过调整"线型管理器"对话框中的"全局比例因子"以更合理、美观地显示虚线和点画线。全局比例因子的默认值为 1，一般可在 0.3~1.5 范围内调整。

1.4.2　绘图和修改命令

1. 常用的绘图命令

　　绘图命令主要包括"直线✏️"命令、"矩形▭"命令、"圆⊙"命令、"多边形⬠"命令，常用的是"直线"命令、"矩形"命令和"圆"命令。

2. 常用的修改命令

　　修改命令主要包括"删除✏️"命令、"复制🔳"命令、"镜像⚊⚊"命令、"偏移⚏"命令、"阵列🔳(🔳)"命令、"修剪✂️"命令、"打断🔳"命令和"夹点"命令。

　　"删除"命令用于删除图形中所选的对象，"复制"命令用于在当前图形中复制单个或多个图形对象，"镜像"命令用于复制生成相对于镜像线完全对称的图形对象，"偏移"命令用于复制生成平行直线以及同心的圆弧、圆。

　　"修剪"命令用于切断或切除部分所选对象，"打断"命令用于部分删除选定的对象实体或将图形对象断为两个实体，而"夹点"命令用于将选定的对象实体进行拉伸或移动，常用于点画线的编辑。

1.4.3　绘制方法和步骤

1. 熟悉绘制对象

　　分析平面图形的总体特征、图形组成、绘图要求、可能用到的绘图和修改命令以及绘图时应该注意的问题，比如图形的对称性(镜像)、重复性(复制、偏移、阵列)、连接关系(线段的相切、多边形的内接和外切)、绘图顺序、方法和技巧等。

2. 设置工作环境

　　通过"草图设置"对话框将中点、垂足、象限点设置为自动捕捉，通过"特性"工具栏设置图线的颜色、线型、线宽，通过状态栏打开"正交模式"、"对象捕捉"、"显示/隐藏线宽"开关。

3. 绘制外形轮廓

综合运用相对极坐标和"直线"命令、键盘与鼠标相结合的方法绘制直线，运用相对直角坐标和"矩形"命令绘制矩形，运用"圆"命令绘制圆，运用"修剪"命令进行图形的修改，同时运用"实时平移"、"实时缩放"命令将图形适当放大并移至合适位置。

4. 绘制内部图形

综合运用"直线"、"矩形"、"圆"、"多边形"绘图命令绘制内部图形，运用点画线 ACAD_ISO04W100 绘制轴线，运用"夹点"命令拉伸点画线。

5. 图形的显示和保存

打开"显示/隐藏线宽"开关观察图线效果。如果轮廓线太粗影响视觉效果，则可将"线宽设置"对话框中的"调整显示比例"项的滑块向左拖动 1~2 格。

在命令行输入 Z↙→E↙(回车)，将平面图形先充满绘图区，再采用"实时缩放"命令将其适当缩小，检查无误后以规定(或自定)文件名保存。

1.5 项 目 练 习

1.5.1 趣味训练

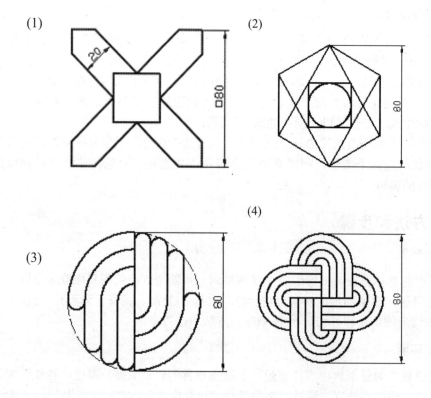

(1)　　　　　　(2)

(3)　　　　　　(4)

1.5.2　基础训练

(1)

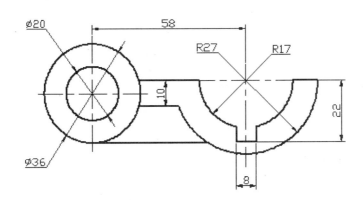

(2)

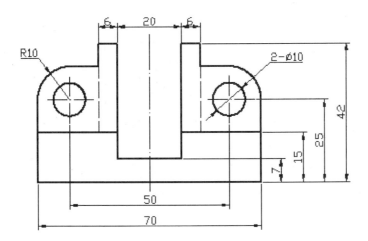

(3)

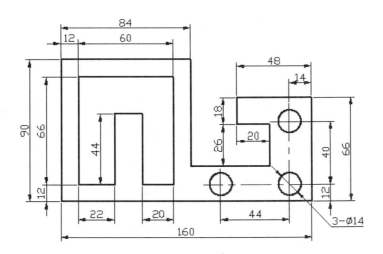

(4)

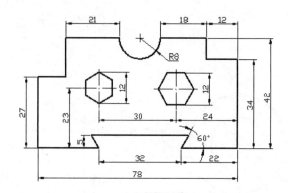

1.5.3　阵列和镜像

(1)　　　　　　　　　　　　　(2)

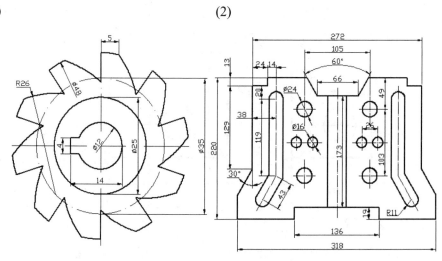

1.5.4　相切和修剪

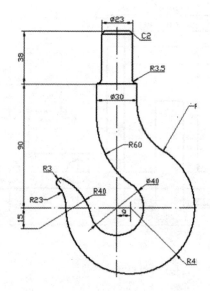

项目 2　组合体视图的绘制

项目简介

工程图样的核心是一组视图，因此掌握组合体的绘制方法十分重要。通过形体分析法、正投影法和计算机绘图的有效结合，有助于空间想象能力的进一步提高，有助于提高对国家标准的理解以及对空间物体的表达，有助于正确绘制工程图样。

学习要点

本项目主要学习组合体视图绘图环境的设置、常用透明命令和修改命令的有效运用、组合体视图的分析和绘制、标注组合体视图尺寸时命令的选用和执行，为后续重点教学项目——零件图的绘制打下扎实的技术基础。

知识目标

(1) 会正确运用圆弧、多边形、图案填充等绘图命令。
(2) 能熟练运用移动、旋转、比例、倒角等编辑命令。
(3) 能熟练运用线性、半径、直径、角度等标注命令。
(4) 能正确、完整、清晰、美观地绘制组合体视图。

2.1　AutoCAD 2012 的绘图环境

2.1.1　绘图区项目的设置

一般情况下，使用系统默认的绘图环境即可进行常规的绘图操作，但必要时，也可根据用户的喜好、习惯以及实用性对默认的绘图环境重新设置，如绘图区的背景颜色、各类光标的颜色和大小、文件保存的当前版本等。

在菜单栏中选择"工具"→"选项"命令(或将十字光标置于绘图区右击、选择快捷菜单中的"选项"命令)，系统弹出"选项"对话框，如图 2-1 所示。

"选项"对话框共有 10 个选项卡，常用的是"显示"、"打开和保存"、"绘图"、"选择集"4 个选项卡，现分别对其打开方式和主要功能予以介绍。

1. "显示"选项卡

单击"选项"对话框中的"显示"标签，打开如图 2-1 所示的"显示"选项卡，其主要功能和操作方法有：设置绘图区的背景颜色或字体样式(单击"颜色"按钮或"字体"按钮)；设置显示圆弧和圆的平滑度(文本框中的默认值为 1000，取值范围是 1~20000，截屏时可取最大值)。

2. "打开和保存"选项卡

单击"选项"对话框中的"打开和保存"标签，打开如图 2-2 所示的"打开和保存"

选项卡，其主要功能和操作方法是：设置文件保存的有效格式和版本(单击"另存为"下拉按钮)；设置文件自动保存的间隔分钟数(文本框中的默认值为 10 分钟，可另行输入)；设置用于打开图形的密码或短语(单击"安全选项"按钮)。

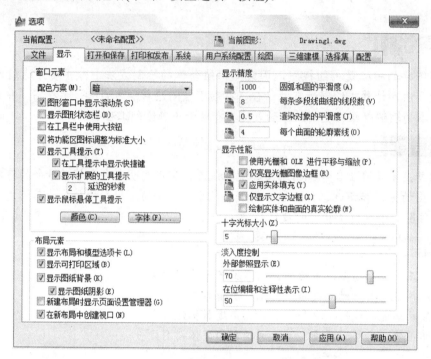

图 2-1 "选项"对话框(含"显示"选项卡)

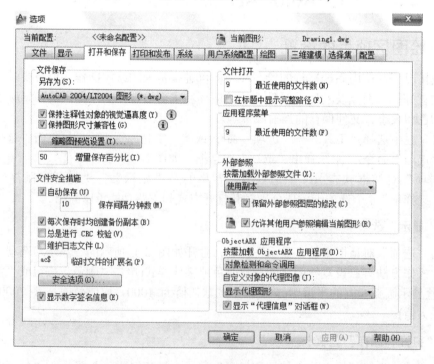

图 2-2 "打开和保存"选项卡

AutoCAD 2012绘图软件使用的默认文件格式是"AutoCAD 2010图形(*.dwg)"。为了兼容低版本的CAD软件，提高通识性，常将文件格式设置为"AutoCAD 2004/LT2004图形(*.dwg)"。该设置具有长效性，即在此设置后保存的所有绘图文件均为2004版。

3．"绘图"选项卡

单击"选项"对话框中的"绘图"标签，打开如图2-3所示的"绘图"选项卡，其主要功能和操作方法是：调整自动捕捉标记的颜色(单击"颜色"按钮)、大小(拖动滑块)；控制磁吸范围的靶框尺寸(拖动滑块)，选中"显示自动捕捉靶框"复选框可在绘图区观察磁吸范围；设置绘图时"动态输入"提示框的颜色、大小和透明度(单击"设计工具提示设置"按钮)。

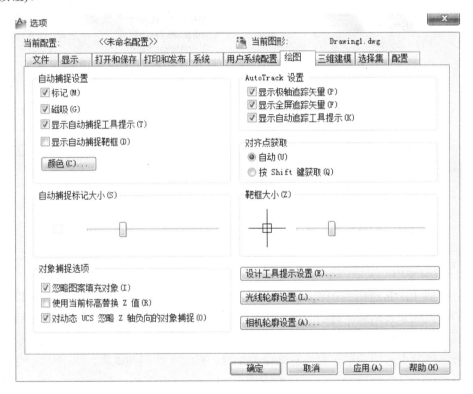

图2-3 "绘图"选项卡

4．"选择集"选项卡

单击"选项"对话框中的"选择集"标签，打开如图2-4所示的"选择集"选项卡，其主要功能和操作方法是：调整修改、编辑命令中选择实体对象时的拾取框大小(拖动滑块)，其选择模式采用"先选择后执行"，表示在命令执行前可先选择对象；设置夹点的显示尺寸(拖动滑块)和颜色(单击"夹点颜色"按钮)。

图2-4 "选择集"选项卡

2.1.2 图层的设置

1. 图层的作用

图层类似于一张透明的图纸，将不同属性的图形对象(图线、文字、符号等)以统一的参照物和位置关系分别画在透明图纸(图层)上并将其叠加，就构成了一张完整的图纸。

绘制组合体视图时，可将粗实线、细实线、点画线、虚线分别置于不同的图层内，利用图层特性区分不同的图形对象并对其分类管理，以便于绘制和编辑。

2. 图层的性质

名称：每个图层都有自己的名称，用以区分不同的图层，可用汉字、字母表示。

状态：图层有打开、冻结、锁定三种状态，控制该层图形的可见性及可编辑性。

颜色：将不同图层的图形对象设置成不同的颜色以便区分不同的属性。

线型：将不同图层设置成不同线型以表示图形中不同性质的图形对象。

线宽：控制图形对象在绘图区的线宽显示以及打印图纸时的图线宽度。

3. 图层特性管理器

(1) 命令功能。

对图层的各种不同特性(新建图层，确定当前层，设定图线的线型、线宽、颜色等)进行设置、修改和管理，可通过"图层特性管理器"对话框来完成，如图2-5所示。

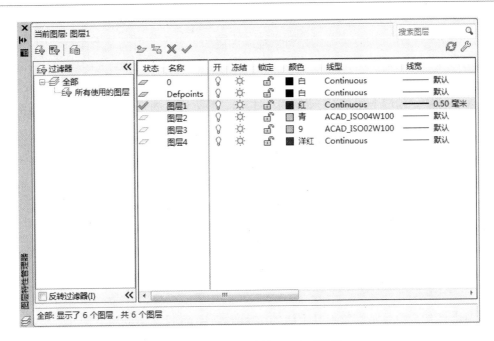

图 2-5　"图层特性管理器"对话框

(2) 命令输入。

执行图层设置的方法有以下几种。

● 在菜单栏中选择"格式"→"图层"命令。

● 在工具栏中单击"图层特性管理器"按钮 。

● 在命令行中输入"LAYER"。

(3) 功能设置。

默认图层：系统默认的图层只有一个，即"0 层"，其他图层需另行设置。另外，标注尺寸后系统会自动出现"Defpoints 层"，即尺寸层，同样可对其进行各种控制或设置。

新建图层：单击"图层特性管理器"对话框中的"新建图层"按钮 ，在对话框的"名称"栏下出现"图层 1"的提示，可在文本框中输入文字或采用原名。连续单击将依次出现"图层 2"、"图层 3"、"图层 4"等。

删除图层：单击"图层特性管理器"对话框中的"删除图层"按钮 即可删除无用的多余图层，但不能删除 0 层、Defpoints 层、当前图层、包含对象的图层。

当前图层：图形对象只能在当前图层绘制(各类图线)或输入(文字、符号等)。要在某个图层上创建图形对象，就需要将该层设置为当前层。

方法 1：在"图层特性管理器"对话框中选中图层，单击"置为当前"按钮 。

方法 2：在"图层"工具栏中选中图层，单击"将对象的图层置为当前"按钮 ，如图 2-6 所示。通过"图层"工具栏设置当前图层非常方便、快捷。

图 2-6　"图层"工具栏

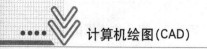

(4) 图层控制。

开/关图层：通过"开/关"图层可以控制图层的可见性。若将某个图层关闭，则该图层上的图形对象不能在绘图窗口中显示，也不能打印。一般不关闭当前图层。

冻结/解冻图层：为提高系统的操作速度，当图层较多时可将暂时不用显示的图层"冻结"。被冻结图层上的图形不能显示、打印。必须注意的是，当前图层不能冻结。

锁定/解锁图层：图层锁定后处于只读状态，此时不能对被锁定图层上的图形对象进行编辑，但能继续绘图和打印。

在一般的绘图过程中，图层均处于"开"、"解冻"或"解锁"默认状态，无须设置。另外，在"图层特性管理器"中进行线型、线宽、颜色等的设置与"特性"工具栏中的设置基本相同，此处不再赘述。必须注意的是，如果在当前图层下修改对象特性，系统将优先满足"特性"工具栏中有关线型、线宽、颜色的设置。

2.2　组合体视图的绘制方法和步骤

任何机件都可看成是由若干基本体(如棱柱和圆柱)通过一定的组合形式、按照一定的空间位置组合而成的，这种几何模型即可称为组合体，通过对组合体的形体分析并利用正投影原理表达其内外形状的视图就称为组合体视图。

2.2.1　常用透明命令(二)

1. "捕捉模式"命令

此命令用于在绘图区的栅格上精确地捕捉点。执行"捕捉模式"命令的方法有以下几种。

- 在菜单栏中选择"工具"→"绘图设置"命令，弹出"草图设置"对话框，在该对话框的"捕捉和栅格"选项卡中进行捕捉模式的设置。
- 在状态栏中单击"捕捉模式"按钮 ▦。
- 在命令行中输入"SNAP"。

2. "栅格显示"命令

此命令用于在绘图区以矩形区域显示等距点。执行"栅格显示"命令的方法有以下几种。

- 在菜单栏中选择"工具"→"绘图设置"命令，弹出"草图设置"对话框，在该对话框的"捕捉和栅格"选项卡中进行栅格显示的设置。
- 在状态栏中单击"栅格显示"按钮 ▦。
- 在命令行中输入"GRID"。

3. "极轴追踪"命令

此命令按指定的极轴角或极轴角的倍数对齐要指定点的路径。系统默认极轴追踪时的增量角为90°，必要时可新建附加角。执行"极轴追踪"命令的方法是：

在菜单栏中选择"工具"→"绘图设置"命令，打开"草图设置"对话框，在该对话框的"极轴追踪"选项卡中进行极轴追踪的设置，如图2-7所示。

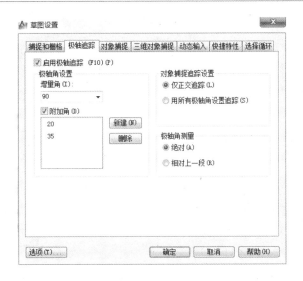

图 2-7　"极轴追踪"选项卡

4."对象捕捉追踪"命令

此命令以捕捉到的特殊点为基点，按指定的极轴角或极轴角的倍数对齐要指定点的路径。

"极轴追踪 ⊿"和"对象捕捉追踪 ∠"同属于自动追踪。"极轴追踪"主要用于绘制有一定的极轴角或极轴角倍数的线段，而"对象捕捉追踪"通过系统默认的水平虚线和垂直虚线起到丁字尺的作用，保证组合体视图绘制过程中尺寸和位置的投影关系。

2.2.2　常用修改命令(二)

1."移动"命令

将图形对象从当前位置平移到新的位置。执行"移动"命令的方法有以下几种。
- 在菜单栏中选择"修改"→"移动"命令。
- 在工具栏中单击"移动"按钮 ✥。
- 在命令行中输入"MOVE"。

2."旋转"命令

将图形对象从当前位置旋转到新的位置。执行"旋转"命令的方法有以下几种。
- 在菜单栏中选择"修改"→"旋转"命令。
- 在工具栏中单击"旋转"按钮 ⟳。
- 在命令行中输入"ROTATE"。

3."缩放"命令

将图形对象按一定比例实际放大或缩小。执行"缩放"命令的方法有以下几种。
- 在菜单栏中选择"修改"→"缩放"命令。
- 在工具栏中单击"缩放"按钮 ▢。
- 在命令行中输入"SCALE"。

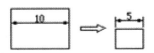

4. "拉伸"命令

将图形对象从当前位置拉伸到新的位置(窗选对象：右下→左上)，执行"拉伸"命令的方法有以下几种。

- 在菜单栏中选择"修改"→"拉伸"命令。
- 在工具栏中单击"拉伸"按钮。
- 在命令行中输入"STRETCH"。

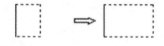

5. "延伸"命令

将图形对象延伸到指定的边界。执行"延伸"命令的方法有以下几种。

- 在菜单栏中选择"修改"→"延伸"命令。
- 在工具栏中单击"延伸"按钮。
- 在命令行中输入"EXTEND"。

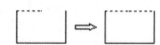

6. "打断于点"命令

用于在某一点打断选定的图形对象。执行"打断于点"命令的方法有以下几种。

- 在工具栏中单击"打断于点"按钮。
- 在命令行中输入"BREAK"。

7. "合并"命令

合并相似对象以形成一个完整的对象。执行"合并"命令的方法有以下几种。

- 在菜单栏中选择"修改"→"合并"命令。
- 在工具栏中单击"合并"按钮。
- 在命令行中输入"JOIN"。

8. "倒角"命令

在两个具体的对象上按指定距离构造倒角。执行"倒角"命令的方法有以下几种。

- 在菜单栏中选择"修改"→"倒角"命令。
- 在工具栏中单击"倒角"按钮。
- 在命令行中输入"CHAMFER"。

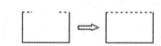

9. "圆角"命令

在两个具体的对象上按指定半径构造圆角。执行"圆角"命令的方法有以下几种。

- 在菜单栏中选择"修改"→"圆角"命令。
- 在工具栏中单击"圆角"按钮。
- 在命令行中输入"FILLET"。

10. "分解"命令

将多段线或块(如矩形)分解成单一对象。执行"分解"命令的方法有以下几种。

- 在菜单栏中选择"修改"→"分解"命令。
- 在工具栏中单击"分解"按钮。
- 在命令行中输入"EXPLODE"。

2.2.3　绘制方法和步骤(案例精解)

【例 2-1】绘制三视图

综合运用"捕捉和栅格"、"对象捕捉"、"对象捕捉追踪"透明命令，常用的绘图和修改命令以及"图层特性管理器"对话框绘制如图 2-8 所示的三视图。

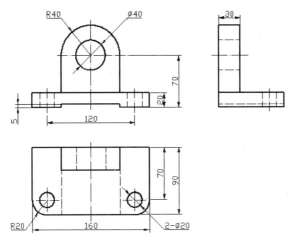

图 2-8　三视图的绘制

步骤 1　设置工作环境

(1) "捕捉和栅格"的设置。

将光标置于状态栏中的"栅格显示"按钮▦上右击，选择快捷菜单上的"设置"命令，系统弹出"草图设置"对话框，打开"捕捉和栅格"选项卡。

选中"捕捉和栅格"选项卡中的"启用捕捉"和"启用栅格"复选框(√)，"捕捉间距"和"栅格间距"均采用默认值，如图 2-9 所示。

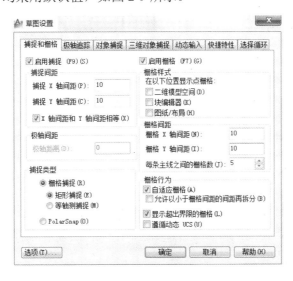

图 2-9　"捕捉和栅格"选项卡

一般情况下，"捕捉模式"和"栅格显示"的 X 轴间距和 Y 轴间距应设为相等，具体值根据三视图的尺寸，以最小公因数确定，即三视图的尺寸应尽可能是间距值的倍数。另外，栅格显示的间距不能过小(<5)，以免使图面混乱、不易捕捉栅格点。

"捕捉模式"命令和"栅格显示"命令通常配对使用(同时打开或关闭)，以利于绘图和提高绘图精度。另外，也可通过状态栏中的"捕捉模式"和"栅格显示"开关控制其运行状态。"捕捉模式"命令和"对象捕捉"命令的主要区别是如下。

"捕捉模式"命令为跳跃式捕捉，仅根据设定的捕捉间距值捕捉栅格点，跳跃间距中的点不能捕捉。"对象捕捉"命令为移动式捕捉，可自动捕捉任意位置的特殊点。

"捕捉模式"命令和"对象捕捉"命令同时打开时，"捕捉模式"命令优先有效。因此在不使用栅格显示时，不要打开"捕捉模式"开关。

(2) 图层的设置。

图层设置如图 2-10 所示。必须注意的是，为便于编辑和管理，兼顾绘图时的习惯，视图的颜色、线型、线宽设置应尽可能地保持统一性和连贯性。

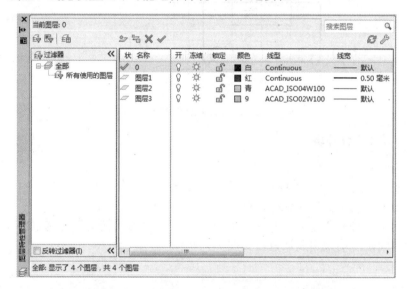

图 2-10　设置图层

步骤 2　绘制三视图(捕捉和栅格)

AutoCAD 2012 绘图软件的默认绘图区为栅格显示，因此绘制新图时只要打开状态栏中的"捕捉模式"开关即可。

开始绘图时，先采用"窗口缩放"命令放大绘图区域以便于捕捉栅格点，绘图过程中可采用"数栅格"的方式确定线段的长度(类似于尺子)。

(1) 绘制外形轮廓。

单击"图层"工具栏中的下拉按钮，然后在下拉列表框中选择"图层 1"(当前图层)，如图 2-11 所示。运用"直线"和"圆"命令绘制三视图的外形轮廓，运用"修剪"命令修剪多余线段，如图 2-12 所示。

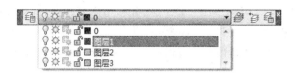

图 2-11　选择图层

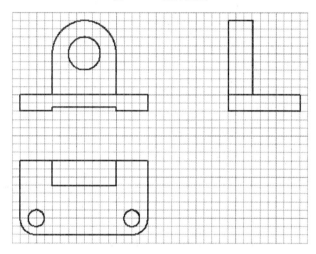

图 2-12　通过"捕捉和栅格"绘制外形轮廓

提示：由于"捕捉模式"和"栅格显示"的 X、Y 轴间距值均设置为 10 mm，因此在绘制高为 5 mm 的底槽时，可采用在命令行输入线段长度的方法绘制。

(2) 绘制内部结构。

分别选择"图层"工具栏下拉列表框中的"图层 2"和"图层 3"，运用"直线"命令绘制内部结构中的虚线和点画线，运用"夹点"命令适当拉伸点画线，如图 2-13 所示。

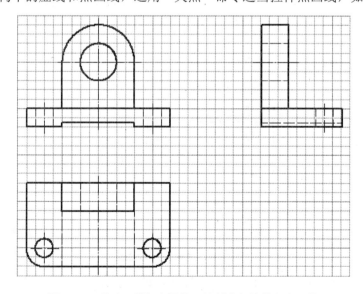

图 2-13　通过"捕捉和栅格"绘制内部结构和点画线

注意：若当前图层是"图层 2"，点画线绘制完成后又接着绘制虚线(此时仍以点画线显示)，则选中这部分图线后选择"图层 3"，即可完成由点画线向虚线的转换。

必要时可单击"将对象的图层置为当前"按钮![按钮]，则当前图层由"图层 2"设置为"图层 3"，可继续绘制虚线。

步骤3　绘制三视图(常规画法)

(1) 绘制底板。

运用常规画法(即关闭"捕捉模式"和"栅格显示"开关)绘制三视图时，应特别注意视图的布置以及体现投影规律的"对象捕捉追踪"模式的合理运用。

打开状态栏中的"正交模式"、"对象捕捉"、"对象捕捉追踪"开关，启用"对象捕捉追踪"模式绘制三视图。

设置"图层 1"为当前图层，用"矩形"、"圆"、"圆角"命令初步绘制如图 2-14 所示的底板外形轮廓，其中圆角的绘制过程如下。

单击"修改"工具栏中的"圆角"按钮![按钮]，此时命令行提示：

选择第一个对象或[放弃(U)/多段线(P)/半径(R)/修剪(T)/多个(M)]：**m** 按回车键

选择第一个对象或[放弃(U)/多段线(P)/半径(R)/修剪(T)/多个(M)]：**r** 按回车键

指定圆角半径<0.0000>：**20** 按回车键

选择第一个对象或[放弃(U)/多段线(P)/半径(R)/修剪(T)/多个(M)]：选择线段Ⅰ

选择第二个对象，或按住 Shift 键选择对象以应用角点或[半径(R)]：选择线段Ⅱ，完成圆角的绘制

选择第一个对象或[放弃(U)/多段线(P)/半径(R)/修剪(T)/多个(M)]：选择线段Ⅱ

选择第二个对象，或按住 Shift 键选择对象以应用角点或[半径(R)]：选择线段Ⅲ，完成圆角的绘制

选项说明：输入 M 可连续创建圆角，输入 R 可设置圆角半径。

对比图 2-8 可知，图 2-14 的视图之间间隔太近，显得不够合理，而底槽应该位于主视图长度方向的对称位置，现采用"移动"命令予以修改。

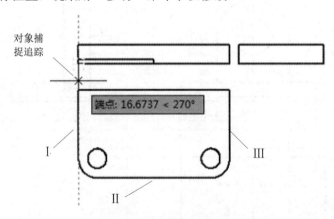

图 2-14　底板的外形轮廓

单击"修改"工具栏中的"移动"按钮![按钮]，此时命令行提示：

选择对象：选择小矩形

选择对象：按回车键

指定基点或[位移(D)]<位移>：选择小矩形下侧的中点

指定第二个点或<使用第一个点作为位移>：选择大矩形下侧的中点，完成移动

继续运用"移动"命令合理布置视图以达到清晰、美观、便于标注尺寸的目的，同时运用"修剪"命令修剪底槽中的多余线段，运用"直线"和"夹点"命令绘制虚线和点画线，并注意当前图层的设置。另外，在绘制圆孔的正面投影、底槽的侧面投影以及俯、左视图的对应尺寸(宽相等)时，应特别注意"对象捕捉追踪"模式的灵活运用。

45°辅助线的设置：采用"对象捕捉追踪"模式、运用"直线"命令绘制(假设辅助线的斜长为111，则@111<-45)。绘制完成的底板三视图如图2-15所示。

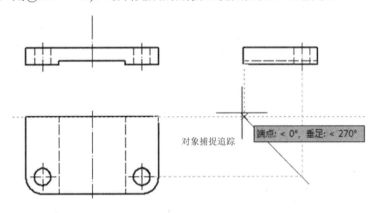

图 2-15　底板三视图

(2) 绘制立板。

运用"直线"、"矩形"、"圆"绘图命令和"修剪"、"夹点"等修改命令绘制立板，同时注意当前图层的设置以及"对象捕捉追踪"模式的运用，如图2-16所示。

运用"实时平移"和"实时缩放"透明命令适当调整三视图的大小并居中显示于绘图区，检查无误后，以本例的名称作为文件名保存文件。

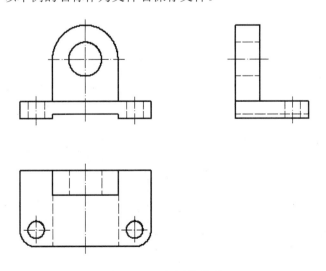

图 2-16　三视图的绘制

【例 2-2】绘制组合体

综合运用形体分析法、"对象捕捉追踪"模式、"图层特性管理器"对话框以及各种透明、绘图、修改命令绘制如图 2-17 所示的组合体视图。

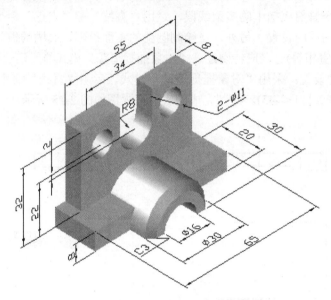

图 2-17　组合体视图的绘制

形体分析：组合体共由 3 个形体组成。形体 1 为底板；形体 2 为立板，其左右对称位置是 2 个正垂圆孔，居中位置是 U 形槽；形体 3 为正垂空心半圆柱，前端有倒角。

组合体左右对称，前后、上下不对称。形体 2 位于形体 1 的上方，后面平齐，其余表面不平齐(相错)；形体 3 和形体 1 上表面相交，前面不平齐，底面平齐；形体 2 位于形体 3 的后方，两者在主视、俯视、左视三个方向上都处于同向错位的位置。

步骤 1　绘制外形轮廓

(1) 绘制形体 1(底板)。

图层设置参照图 2-10，"图层 1"为当前图层。启用"对象捕捉追踪"模式、运用"矩形"命令绘制形体 1 的三面投影，运用"移动"命令适当调整位置，如图 2-18 所示。

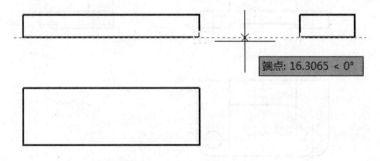

图 2-18　形体 1 外形的绘制

(2) 绘制形体 2(立板)。

当前图层仍为"图层 1"，继续采用"对象捕捉追踪"模式，合理选用绘图和修改命令绘制形体 2 外形的三面投影，如图 2-19 所示。

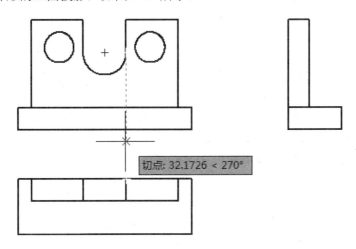

图 2-19　形体 2 外形的绘制

(3) 绘制形体 3(空心半圆柱)。

当前图层不变，继续采用"对象捕捉追踪"模式，合理选用绘图和修改命令绘制形体 3 外形的三面投影(图 2-20)，现具体说明其中倒角的绘制过程。

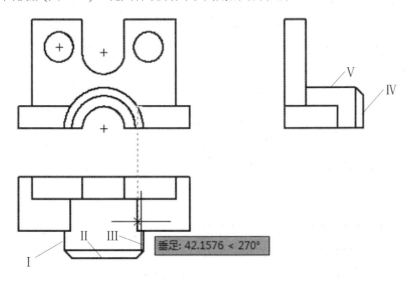

图 2-20　形体 3 外形的绘制

单击"修改"工具栏中的"倒角"按钮，此时命令行提示：

选择第一条直线或[放弃(U)/多段线(P)/距离(D)/角度(A)/修剪(T)/方式(E)/多个(M)]：**m**
按回车键

选择第一条直线或[放弃(U)/多段线(P)/距离(D)/角度(A)/修剪(T)/方式(E)/多个(M)]：**d**
按回车键

指定第一个倒角距离<0.0000>：**3** 按回车键

指定第二个倒角距离<3.0000>：按回车键

选择第一条直线或[放弃(U)/多段线(P)/距离(D)/角度(A)/修剪(T)/方式(E)/多个(M)]：选择线段Ⅰ

选择第二条直线，或者按住 Shift 键选择直线以应用角点或[距离(D)/角度(A)/方法(M)]：选择线段Ⅱ，完成第一个倒角的绘制

选择第一条直线或[放弃(U)/多段线(P)/距离(D)/角度(A)/修剪(T)/方式(E)/多个(M)]：选择线段Ⅱ

选择第二条直线，或者按住 Shift 键选择直线以应用角点或[距离(D)/角度(A)/方法(M)]：选择线段Ⅲ，完成第二个倒角的绘制

选择第一条直线或[放弃(U)/多段线(P)/距离(D)/角度(A)/修剪(T)/方式(E)/多个(M)]：选择线段Ⅳ

选择第二条直线，或者按住 shift 键选择直线以应用角点或[距离(D)/角度(A)/方法(M)]：选择线段Ⅴ，完成第三个倒角的绘制

选项说明：输入 M 可连续创建倒角，输入 D 可设置倒角距离。

步骤 2　绘制内部结构

分别设置"图层 2"(点画线)和"图层 3"(虚线)为当前图层，继续采用"对象捕捉追踪"模式、选用合适的绘图和修改命令绘制组合体的内部结构，如图 2-21 所示。

运用"实时平移"和"实时缩放"透明命令适当调整组合体视图的大小并居中显示于绘图区，检查无误后，以本例的名称作为文件名保存文件。

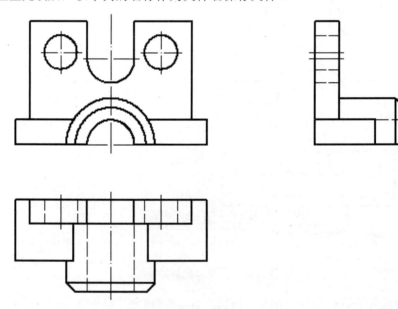

图 2-21　组合体视图的绘制

2.3　组合体视图的尺寸标注

组合体视图可反映机件的空间形状和结构，而在视图上标注的尺寸则反映机件的空间大小，两者相辅相成，缺一不可。因此，组合体的尺寸标注和视图绘制同样重要，熟练掌握后，将为后续重点教学项目——零件图的绘制打下扎实的技术基础。

2.3.1　常用标注命令

AutoCAD 2012 绘图软件的标注命令均为二维命令，只能在 XY 坐标平面内使用，主要标注线性尺寸、径向尺寸、角度尺寸等，也可对尺寸进行必要的修改，如标注更新、编辑标注文字等。标注尺寸时所需的"标注"工具栏如图 2-22 所示。

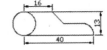

图 2-22　"标注"工具栏

1．"线性"命令

用于标注水平或垂直方向的尺寸。执行"线性"命令的方法有以下几种。

- 在菜单栏中选择"标注"→"线性"命令。
- 在工具栏中单击"线性"按钮 ⊢。
- 在命令行中输入"DIMLINEAR"。

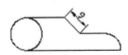

2．"对齐"命令

用于标注倾斜方向(斜线、斜面)的尺寸。执行"对齐"命令的方法有以下几种。

- 在菜单栏中选择"标注"→"对齐"命令。
- 在工具栏中单击"对齐"按钮 ⬩。
- 在命令行中输入"DIMALIGNED"。

3．"半径"命令

用于标注圆心角≤180°的径向尺寸。执行"半径"命令的方法有以下几种。

- 在菜单栏中选择"标注"→"半径"命令。
- 在工具栏中单击"半径"按钮 ⊙。
- 在命令行中输入"DIMRADIUS"。

4．"直径"命令

用于标注圆心角>180°的径向尺寸。执行"直径"命令的方法有以下几种。

- 在菜单栏中选择"标注"→"直径"命令。
- 在工具栏中单击"直径"按钮 ⊘。
- 在命令行中输入"DIMDIAMETER"。

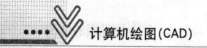
5．"角度"命令

用于标注直线或平面之间的倾斜角度。执行"角度"命令的方法有以下几种。

- 在菜单栏中选择"标注"→"角度"命令。
- 在工具栏中单击"角度"按钮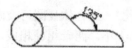。
- 在命令行中输入"DIMANGULAR"。

2.3.2　标注样式管理器

1．命令功能

创建或设置线性、径向等各种尺寸的标注样式，统一控制标注的外观，快速指定标注的格式，并确保标注的尺寸符合国家技术标准或行业规定。

2．命令输入

执行"标注样式"命令的方法有以下几种。

- 在菜单栏中选择"格式"→"标注样式"命令。
- 在工具栏中单击"标注样式"按钮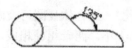。
- 在命令行中输入"DIMSTYLE"。

3．功能设置

单击"标注"工具栏中的"标注样式"按钮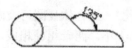，系统弹出如图 2-23 所示的"标注样式管理器"对话框，现分别介绍各个功能按钮的具体用途。

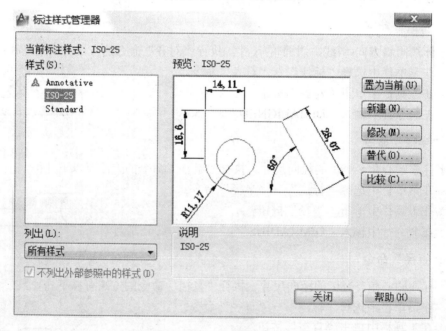

图 2-23　"标注样式管理器"对话框

单击"置为当前"按钮，可将"样式"中选定的标注样式作为当前标注样式。

单击"新建"按钮，可以通过"创建新标注样式"对话框创建新的标注样式。

单击"修改"按钮，可以通过"修改标注样式"对话框修改原有的标注样式，其选项与"新建标注样式"对话框中的选项相同。

单击"替代"按钮，可以通过"替代当前样式"对话框替代原有的标注样式，其选项与"新建标注样式"对话框中的选项相同。

单击"修改"和"替代"按钮，都能对各个选项卡进行重新设置，但应注意两者的区别："修改"后的所有尺寸(包括已标尺寸)全部采用当前标注样式，"替代"后则仅改变当前标注，并不改变已标尺寸。这个区别非常重要，应在实际操作中加以体会和运用。

单击"比较"按钮，可以通过"比较标注样式"对话框比较两个标注样式的所有特性或列出一个标注样式的所有特性。

4. 选项卡介绍

如图 2-24 所示，"新建标注样式"对话框共有 7 个选项卡，分别是"线"、"符号和箭头"、"文字"、"调整"、"主单位"、"换算单位"、"公差"，可对不同的尺寸进行各种必要的设置。下面分别介绍对话框中各个选项卡的具体用途。

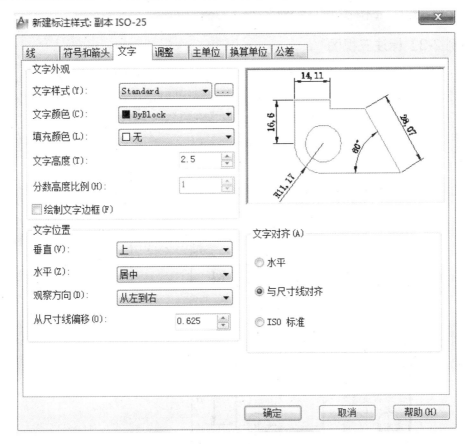

图 2-24　选项卡功能介绍

"线"选项卡主要设置尺寸线、尺寸界线的格式和属性，一般采用默认设置。

"符号和箭头"选项卡主要设置箭头的类型、大小、圆心标记，一般采用默认设置。

"文字"选项卡主要设置尺寸文字的外观、位置、对齐方式。"文字对齐"一般采用默认项,即"与尺寸线对齐",但在标注径向尺寸时常设置为"水平"。

"调整"选项卡主要设置文字或箭头的调整选项、文字位置、标注特征比例中的"使用全局比例"。"文字位置"一般采用默认项,即"尺寸线旁边",但在标注径向尺寸时常设置为"尺寸线上方,带引线"。

另外,可通过调整"使用全局比例"值使尺寸的大小显示达到最佳效果。"使用全局比例"值一般可取 1.2~3.0,即尺寸数字和箭头放大 0.2~2.0 倍。

"主单位"选项卡主要设置尺寸标注时的单位格式和精度、文本的前缀或后缀、测量单位比例中的"比例因子",其中"比例因子"的设定对于真实反映零件尺寸十分重要。

"换算单位"选项卡主要设置非十进制状态下换算单位的格式,因此该选项卡在默认时呈无效灰色显示,只有选中"显示换算单位"复选框时才有效。

"公差"选项卡主要设置尺寸公差的标注格式、特征参数。编辑、标注尺寸公差时常采用"特性"管理器设置有关格式和内容,具体操作方法将在项目 3 中予以介绍。"特性"管理器具有调控现有对象特性的功能,其作用与"标注样式管理器"基本相同。

2.3.3 标注方法和步骤(案例精解)

【例 2-3】标注三视图

综合运用"对象捕捉追踪"模式、"标注"工具栏、"标注样式管理器"对话框标注如图 2-25 所示三视图的径向尺寸和线性尺寸。具体标注时,只需打开例 2-1 保存的"绘制三视图"绘图文件(.dwg 格式),标注完成后,以本例的名称保存即可。

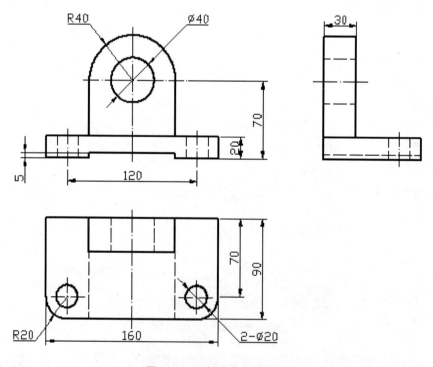

图 2-25 三视图的尺寸标注

步骤 1　设置工作环境

标注尺寸所需的细实线可通过"图层特性管理器"对话框设置(见图 2-5)。为使尺寸标注美观、便于读图,在图 2-25 所示三视图中的径向尺寸均为水平标注、带引线,因此重点介绍"文字"、"调整"两个选项卡中径向尺寸的设置。

(1) 半径尺寸的设置。

① 单击"标注"工具栏的"标注样式"按钮，系统弹出"标注样式管理器"对话框。单击对话框中的"新建"按钮,弹出"创建新标注样式"对话框,如图 2-26 所示。

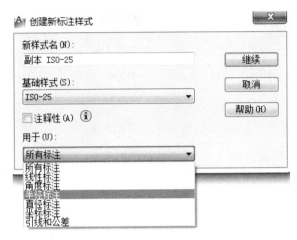

图 2-26　"创建新标注样式"对话框

② 单击"创建新标注样式"对话框中"所有标注"右侧的下拉按钮,选择"半径标注"。单击该对话框中的"继续"按钮,弹出"新建标注样式:ISO-25:半径"对话框。

③ 单击"新建标注样式:ISO-25:半径"对话框中的"文字"标签,打开"文字"选项卡。选中该选项卡"文字对齐"选项组中的"水平"单选按钮,如图 2-27 所示。

④ 单击"调整"标签,打开"调整"选项卡。选中该选项卡"文字位置"选项组中的"尺寸线上方,带引线"单选按钮,如图 2-28 所示。

⑤ 单击"确定"按钮,系统返回到"标注样式管理器"对话框,并在"ISO-25"样式下出现"半径"字样,表示半径尺寸设置完毕,如图 2-29 所示。

(2) 直径尺寸的设置。

① 单击"标注样式管理器"对话框中的"新建"按钮,弹出"创建新标注样式"对话框,选择"所有标注"下拉列表框中的"直径标注"。单击该对话框的"继续"按钮,弹出"新建标注样式:ISO-25:直径"对话框。

② 单击"新建标注样式:ISO-25:直径"对话框中的"文字"和"调整"标签,分别打开"文字"和"调整"选项卡,将"文字对齐"选项组设为"水平","文字位置"选项组设为"尺寸线上方,带引线"。

③ 单击"确定"按钮,在"标注样式管理器"对话框中的 ISO-25 样式下出现"直径"字样,如图 2-29 所示。单击该对话框中的"关闭"按钮,直径尺寸设置完毕。

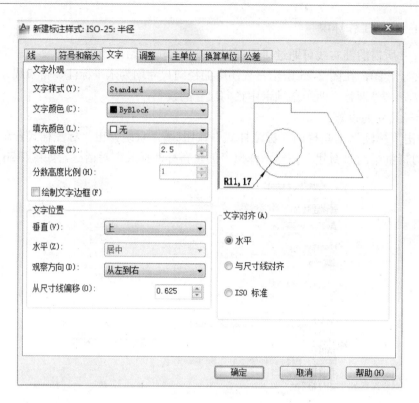

图 2-27　"文字"选项卡

图 2-28　"调整"选项卡

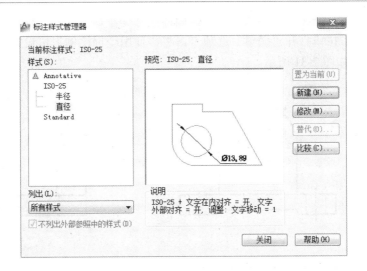

图 2-29　径向尺寸的设置

步骤 2　标注径向尺寸

(1) 标注半径尺寸。

单击"标注"工具栏中的"半径"按钮⊙，此时命令行提示：

选择圆或圆弧：选择 R40 圆弧

指定尺寸线位置或[多行文字(M)/文字(T)/角度(A)]：在 R40 圆弧外侧的合适位置单击，完成标注

右击鼠标调出快捷菜单，选择"重复半径"命令，此时命令提示：

选择圆或圆弧：选择 R20 圆弧

指定尺寸线位置或[多行文字(M)/文字(T)/角度(A)]：在 R20 圆弧外侧的合适位置单击，完成标注

标注完成的半径尺寸如图 2-30 所示。

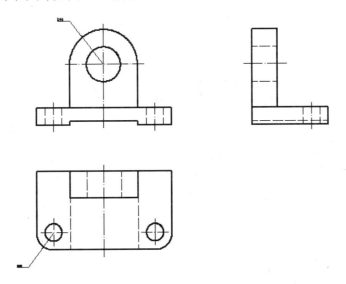

图 2-30　半径尺寸的标注(DIMSCALE＝1)

由于其"使用全局比例"为默认值 1，因此尺寸偏小，可通过"标注样式管理器"对话框中的"修改"按钮打开"调整"选项卡，将"使用全局比例"值设置为 2.8(可逐步调整，观察效果)，如图 2-31 所示。

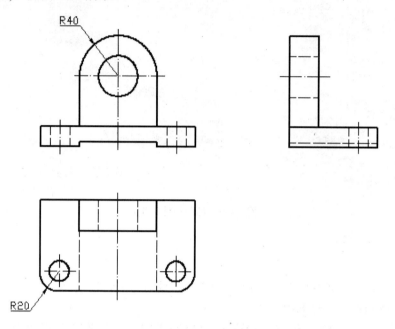

图 2-31　半径尺寸的标注(DIMSCALE＝2.8)

(2) 标注直径尺寸。

单击"标注"工具栏中的"直径"按钮，此时命令行提示：

选择圆或圆弧：选择 ϕ40 圆

指定尺寸线位置或[多行文字(M)/文字(T)/角度(A)]：在 ϕ40 圆的外侧合适位置单击，完成标注

右击鼠标调出快捷菜单，选择"重复直径"命令，此时命令行提示：

选择圆或圆弧：选择 ϕ20 圆弧

指定尺寸线位置或[多行文字(M)/文字(T)/角度(A)]：**t** 按回车键

输入标注文字<20>：**2-%%C 20** 按回车键

指定尺寸线位置或[多行文字(M)/文字(T)/角度(A)]：在 ϕ20 圆外侧的合适位置单击，完成标注常用的标注控制符如表 2-1 所示。

表 2-1　常用的标注控制符

标注控制符	功　能	应用举例	标注控制符	功　能	应用举例
%%C	直径(ϕ)	%%C20＝ϕ20	%%D	度(°)	45%%D＝45°
%%P	正负号(±)	10%%P0.1＝10±0.1	——	——	——

标注完成的直径尺寸如图 2-32 所示。

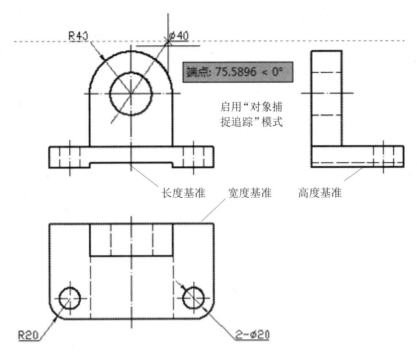

图 2-32　直径尺寸的标注

步骤 3　标注线性尺寸

(1) 确定尺寸基准。

以左右对称平面为长度基准，后面为宽度基准，底面为高度基准，如图 2-32 所示。

(2) 标注线性尺寸。

从基准出发，逐一标注长、宽、高三个方向的线性尺寸。现以长度尺寸为例，具体说明线性尺寸的标注方法。

单击"标注"工具栏中的"线性"按钮，此时命令行提示：

指定第一个尺寸界线原点或<选择对象>：选择主视图左侧 $\phi 20$ 圆轴线的下端点

指定第二条尺寸界线原点：选择主视图右侧 $\phi 20$ 圆轴线的下端点

指定尺寸线位置或[多行文字(M)/文字(T)/水平(H)/垂直(V)/旋转(R)/角度(A)]：拖动尺寸至合适位置单击，完成中心距 120 的标注

右击鼠标调出快捷菜单，选择"重复线性"命令，此时命令行提示：

指定第一个尺寸界线原点或<选择对象>：选择俯视图左端面的积聚线和 R20 圆弧的切点

指定第二条尺寸界线原点：选择俯视图右端面的积聚线和 R20 圆弧的切点

指定尺寸线位置或[多行文字(M)/文字(T)/水平(H)/垂直(V)/旋转(R)/角度(A)]：拖动尺寸至合适位置单击，完成总长 160 的标注

在线性尺寸的标注过程中，仍要注意"对象捕捉追踪"模式的运用，如中心高 70 和总宽 90 长对正、正垂圆孔 $\phi 40$ 和立板宽度 30 高平齐。标注完成的三视图如图 2-25 所示。

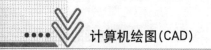

【例2-4】标注组合体

综合运用"对象捕捉追踪"模式、"标注"工具栏以及"文字样式"、"标注样式管理器"、"多重引线样式管理器"等对话框标注组合体尺寸。具体标注时,只须打开例2-2保存的"绘制组合体"绘图文件(.dwg格式)、标注完成后以本例的名称保存即可。

步骤1 设置工作环境

(1) 设置图层。

由于保存的"绘制组合体"绘图文件已经完成组合体视图的绘制,其粗实线、点画线和虚线也已设置完毕,因此只需设置标注组合体尺寸所需的细实线即可,具体是:颜色为"洋红",线型为Continuous,线宽为"默认"。

(2) 设置文字样式。

① 命令输入。

选择菜单栏中的"格式"→"文字样式"命令,系统弹出"文字样式"对话框,在该对话框中对标注文字的字体、效果等进行设置或新建文字样式,如图2-33所示。

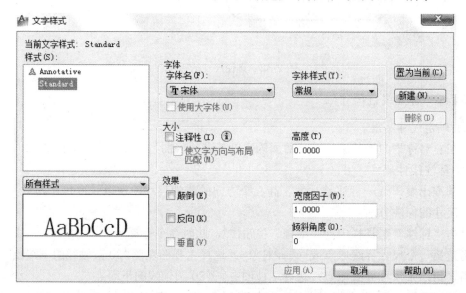

图2-33 "文字样式"对话框

② 功能设置。

在"文字样式"对话框中单击"新建"按钮,系统弹出"新建文字样式"对话框,样式名取系统默认的"样式1"。单击该对话框中的"确定"按钮,系统返回"文字样式"对话框,此时在"样式"列表框中出现新的样式名"样式1",如图2-34所示。

现分别介绍"文字样式"对话框中各个选项组的具体用途。

"字体"选项组用于设置图样的字体样式。西文字体(数字和字母)常采用 txt.shx(常规)、gbenor.shx(直体)、gbeitc.shx(斜体)等字体,中文字体(汉字)可在选中"使用大字体"复选框后采用 gbcbig.shx 字体。

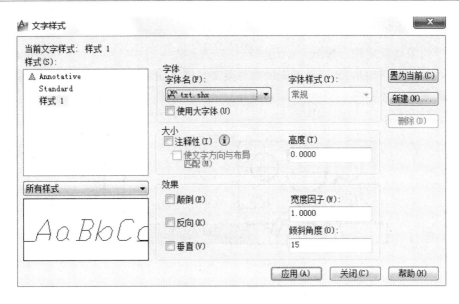

图 2-34　新建文字样式

必须注意的是，当"使用大字体"复选框处于默认状态时(未选中)，西文字体采用"字体名"下拉列表框中选中的字体，中文字体为"宋体"。

"大小"选项组用于设置文字的属性(选中"注释性"复选框)和高度。"高度"文本框中的默认值 0.0000 表示文字输入时的对应高度是 2.5。

"效果"选项组用于设置文字的特殊效果，其中的"宽度因子"可设置宽度系数，确定文字的宽高比，默认值 1 表示文字属于正常宽度。"倾斜角度"用于设置文字相对于垂直方向的倾斜角度，默认值 0 表示文字属于正常角度。

③ 设置新样式。

在"文字样式"对话框"字体名"下拉列表框中选择 txt.shx 字体，在"倾斜角度"文本框中输入"15"，其他选项采用默认设置，如图 2-34 所示。

单击"应用"和"关闭"按钮后退出对话框，同时在"样式"工具栏的"文字样式控制"下拉列表框中自动出现"样式 1"当前文字样式。

(3) 设置标注样式。

① 在"标注样式管理器"对话框中单击"新建"按钮，系统弹出图 2-26 所示的"创建新标注样式"对话框。新样式名采用系统默认的"副本 ISO-25"，用于"所有标注"。单击该对话框中的"继续"按钮，弹出"新建标注样式：副本 ISO-25"对话框。

② 在"新建标注样式：副本 ISO-25"对话框的"文字"选项卡的"文字样式"下拉列表框中选择"样式 1"，在"调整"选项卡"使用全局比例"文本框中输入"1.2"。单击该对话框中的"确定"按钮，系统返回到"标注样式管理器"对话框。

③ 在"副本 ISO-25"基础样式下新建半径尺寸、直径尺寸的标注样式，具体的要求是"水平标注、带引线"，具体设置参照前例"标注三视图"。

④ 完成上述设置后，将"副本 ISO-25"标注样式"置为当前"，同时在"样式"工具栏的"标注样式控制"下拉列表框中自动出现"副本 ISO-25"当前标注样式。

步骤 2 标注径向尺寸

启用"对象捕捉追踪"模式，运用"标注"工具栏中的"半径"和"直径"命令标注径向尺寸，$2 \times \phi 11$ 中的"×"号可采用大写英文字母 X 表示。尺寸数字都向右倾斜 15°，标注完成的径向尺寸如图 2-35 所示。

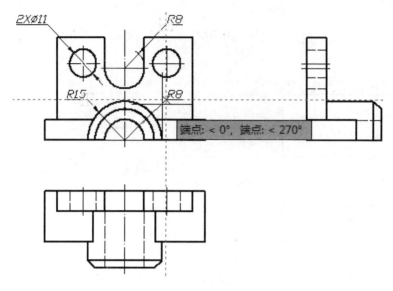

图 2-35 标注径向尺寸

步骤 3 标注线性尺寸

以左右对称平面为长度基准，后面为宽度基准，底面为高度基准。从基准出发，逐一标注长、宽、高三个方向的线性尺寸。标注完成的线性尺寸如图 2-36 所示。

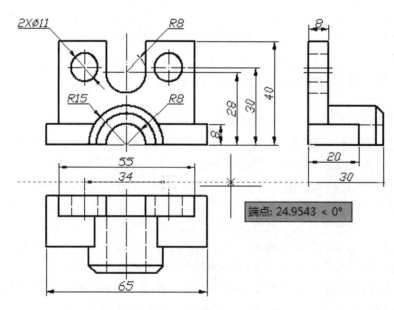

图 2-36 标注线性尺寸

步骤 4　标注倒角尺寸

组合体视图中，正垂空心半圆柱的倒角尺寸 C3 可通过"多重引线样式管理器"对话框和"多重引线"命令标注完成，具体的设置和操作过程如下。

(1) 单击"样式"工具栏中的"多重引线样式"按钮 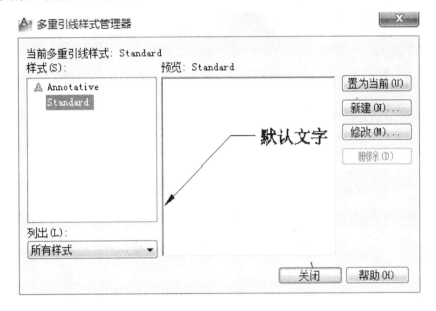 ，系统弹出"多重引线样式管理器"对话框，如图 2-37 所示。

图 2-37　"多重引线样式管理器"对话框

(2) 单击"多重引线样式管理器"对话框中的"新建"按钮，系统弹出"创建新多重引线样式"对话框，新样式名仍采用默认的"副本 Standard"。单击该对话框中的"继续"按钮，弹出"修改多重引线样式：副本 Standard"对话框。

(3) 单击该对话框中的"引线格式"标签，打开"引线格式"选项卡。将"箭头"选项组中的"符号"由"实心闭合"改为"无"，其余采用默认设置。

(4) 单击该对话框中的"内容"标签，打开"内容"选项卡。在"文字选项"选项组将的"文字样式"设置为"样式 1"，"文字高度"由 4 改为 3(2.5×1.2＝3)。

另外，"引线连接"选项组中的"连接位置-左"、"连接位置-右"均设置为"最后一行加下划线"，单击"确定"和"关闭"按钮后退出对话框，如图 2-38 所示。

(5) 关闭状态栏中的"正交模式"开关，打开"动态输入"开关。选择菜单栏中的"标注"→"多重引线"命令，此时命令行提示：

指定引线箭头的位置或[引线基线优先(L)/内容优先(C)/选项(O)]<选项>：选择倒角点

指定引线基线的位置：在图 2-39 所示位置单击，注意"动态输入"中的角度提示(135°)

指定引线基线的位置：在系统弹出的"文字格式"对话框中输入"C3"，完成标注，如图 2-39 所示

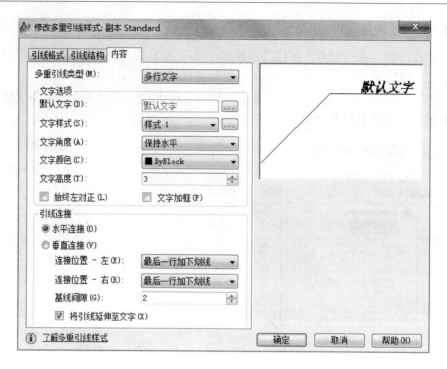

图 2-38　"多重引线样式"的设置

注：6.68 表示引线的长度

图 2-39　倒角的标注

提示 1：若倒角值 C3 与下划线的位置不够合理，可采用"修改"工具栏中的"分解"命令将倒角尺寸(块)分解为单一对象，然后运用"夹点"命令调整。

单击"修改"工具栏中的"分解"按钮 ，此时命令行提示：

选择对象：选择 C3 倒角后右击，完成分解；选中 C3 的"夹点"，将其移至合适位置

提示 2：若要适当调整尺寸线的位置(必要时可同步调整尺寸数字的位置)，可采用"标注"工具栏中的"编辑标注文字"命令，具体操作方法如下。

单击"标注"工具栏中的"编辑标注文字"按钮 ，此时命令行提示：

选择标注：选择总宽尺寸 30

为标注文字指定新位置或[左对齐(L)/右对齐(R)/居中(C)/默认(H)/角度(A)]：在新位置上单击

2.4 知识点梳理和回顾

绘制组合体视图是绘制零件图的必要铺垫，也是利用计算机软件绘制工程图样的技术准备。本项目主要介绍了组合体视图绘图环境的设置、其他常用透明命令和修改命令的有效运用、组合体视图的分析和绘制、标注组合体视图尺寸时命令的选用和执行，为后续重点教学项目——零件图的绘制打下扎实的技术基础。

2.4.1 工作环境的设置

1. 绘图区项目的设置

将十字光标置于绘图区(绘图窗口)右击，从快捷菜单中选择"选项"命令，系统弹出"选项"对话框，其常用选项卡介绍如下。

"显示"选项卡主要用于设置绘图区的背景颜色或字体样式、调整十字光标中十字线的大小、显示圆弧和圆的平滑度。

"打开和保存"选项卡主要用于设置文件保存的有效格式和版本、打开图形的密码。

AutoCAD 2012 绘图软件默认的文件格式是"AutoCAD 2010 图形(*.dwg)"。为了兼容低版本的 CAD 软件，常将格式设置为"AutoCAD 2004/LT2004 图形(*.dwg)"。该设置具有长效性，即在此设置后保存的所有绘图文件均为 2004 版。

"绘图"选项卡主要用于调整自动捕捉标记的颜色、大小以及控制磁吸范围的靶框尺寸，选中"显示自动捕捉靶框"复选框可在绘图区观察磁吸范围，必要时可设置绘图时"动态输入"提示框的颜色、大小、透明度。

"选择集"选项卡主要用于调整修改和编辑命令中选择实体对象时的拾取框大小、控制夹点的显示尺寸和颜色。

2. 图层的设置

单击"图层"工具栏中的"图层特性管理器"按钮 ，在系统弹出的"图层特性管理器"对话框中对图层的各种不同特性进行设置、修改和管理。

默认图层：系统默认的图层只有一个，即"0 层"，其他图层需另行设置。但标注尺寸后系统会自动出现"Defpoints 层"，即尺寸层，同样可对其进行各种控制或设置。

新建图层：单击"图层特性管理器"对话框中的"新建图层"按钮 ，出现"图层 1"提示，连续单击将依次出现"图层 2"、"图层 3"等，一般不修改图层名。

删除图层：单击"图层特性管理器"对话框中的"删除图层"按钮 即可删除无用的多余图层，但不能删除 0 层、Defpoints 层、当前图层、包含有对象的图层。

当前图层：只能在当前图层绘制图线或输入文字。"当前图层"的设置一般通过"图层"工具栏中的"将对象的图层置为当前"按钮 来确定。

线型、线宽、颜色：在"图层特性管理器"中进行的相关设置与"特性"工具栏中的设置基本相同。必须注意的是，若在当前图层下修改对象特性，系统将优先满足"特性"工具栏中有关线型、线宽、颜色的设置。

3. 文字样式的设置

从菜单栏中选择"格式"→"文字样式"命令,在系统弹出的"文字样式"对话框中对文字的字体、字高、宽度因子、倾斜角度等进行设置或新建文字样式。

"字体"选项组用于设置图样绘制中的字体样式。数字、字母的默认字体是 txt.shx 字体,汉字的默认字体是 gbcbig.shx。一般采用默认设置。

"大小"选项组用于设置文字的属性和高度。"高度"文本框的默认值 0.0000 表示文字输入时的对应高度是 2.5。

"效果"选项组用于设置文字的特殊效果,其中的"宽度因子"可设置宽度系数,确定文字的宽高比,默认值 1 表示文字属于正常宽度。"倾斜角度"用于设置文字相对于垂直方向的倾斜角度,默认值 0 表示文字属于正常角度。

4. 标注样式管理器的设置

单击"标注"工具栏中的"标注样式"按钮 ,在系统弹出的"标注样式管理器"对话框中创建或设置尺寸的标注样式,统一控制、快速指定标注的外观和格式,确保标注的尺寸符合国家技术标准或行业规定。"标注样式管理器"对话框的功能按钮介绍如下。

单击"置为当前"按钮,可将"样式"中选定的标注样式作为当前标注样式。

单击"新建"按钮,可以通过"创建新标注样式"对话框创建新的标注样式。

单击"修改"按钮,可以通过"修改标注样式"对话框修改原有的尺寸标注样式。单击"替代"按钮,可以通过"替代当前样式"对话框替代原有的尺寸标注样式。

在具体使用"修改"和"替代"按钮时应注意两者的区别:"修改"后的所有尺寸(包括已标尺寸)全部采用当前标注样式,"替代"后仅改变当前标注,并不改变已标尺寸。

"标注样式管理器"对话框中共有 7 个选项卡,组合体视图绘制中常用"文字"和"调整"选项卡,可对不同的尺寸进行各种必要的设置。

"文字"选项卡主要设置尺寸文字的外观、位置、对齐方式。"文字对齐"一般采用默认项,即"与尺寸线对齐",但在标注径向尺寸时常设置为"水平"。

"调整"选项卡主要设置文字或箭头的调整选项、文字位置、标注特征比例中的"使用全局比例"。"文字位置"一般采用默认项,即"尺寸线旁边",但在标注径向尺寸时常设置为"尺寸线上方,带引线"。

另外,可通过调整"使用全局比例"值使尺寸的大小显示达到最佳效果。"使用全局比例"值一般可取 1.2~3.0,即尺寸数字和箭头放大 0.2~2.0 倍。

5. 多重引线样式管理器的设置

单击"样式"工具栏中的"多重引线样式"按钮 ,在系统弹出的"多重引线样式管理器"对话框中对引线的格式、内容等进行设置,或新建引线样式。

"多重引线样式管理器"对话框共有 3 个选项卡,其中的"引线格式"选项卡主要设置引线的起始点形状,"内容"选项卡主要设置文字的类型和高度。

具体标注时,单击菜单栏中的"标注"菜单,选择"多重引线"命令,根据命令行提示进行有关操作,即可完成引线的标注。

2.4.2　常用透明命令(三)

　　状态栏中除了"正交模式"、"对象捕捉"、"线宽显示"等透明命令外,其他常用的透明命令还有"捕捉模式▥"、"栅格显示▦"、"极轴追踪◪"、"对象捕捉追踪∠"。

　　"栅格显示"命令用于在绘图区以矩形区域显示等距点。

　　"捕捉模式"命令用于在绘图区的栅格上精确地捕捉点。

　　"极轴追踪"命令能按指定的极轴角或极轴角的倍数对齐要指定点的路径。

　　"对象捕捉追踪"命令能以捕捉到的特殊点为基点,按指定的极轴角或极轴角的倍数对齐要指定点的路径。

　　"对象捕捉追踪"模式:打开状态栏中的"正交模式"、"对象捕捉"以及"对象捕捉追踪"开关,使系统默认的水平虚线或垂直虚线起到丁字尺的作用,保证组合体视图绘制过程中尺寸和位置的投影关系。

2.4.3　常用修改命令(三)

　　常用的修改命令还有"移动✥"命令、"旋转◯"命令、"缩放◱"命令、"延伸--/"命令、"倒角◸"命令、"圆角◠"命令、"分解◱"命令等。

　　"移动"命令能将图形对象从当前位置平移到另一个位置,"旋转"命令能将图形对象从当前位置旋转到另一个位置,"缩放"命令能将图形对象按一定比例实际放大或缩小(图形尺寸将发生变化),"延伸"命令能将所选对象延伸到指定的边界。

　　"倒角"命令能在两个具体对象上按指定的距离或角度构造倒角,"圆角"命令能在两个具体对象上按指定的半径构造圆角,而"分解"命令能将多段线或块(如矩形)分解成独立的直线或圆弧等单一对象。

2.4.4　绘制方法和步骤

1. 熟悉绘制对象

　　分析组合体的形体特征、组合方式、表面连接关系、形体间的相对位置以及绘图时可能采用的样式、命令,应该注意的问题包括绘图顺序、方法、技巧等。

2. 设置工作环境

　　通过"文字样式"、"图层特性管理器"、"标注样式管理器"、"多重引线样式管理器"对话框设置绘制组合体视图时的工作环境,结合"对象捕捉追踪"模式以及透明、绘图、修改、标注命令绘制组合体视图,标注定形、定位、总体尺寸。

3. 绘制视图、标注尺寸

　　绘制组合体视图时应注意视图的布置以及体现投影规律的"对象捕捉追踪"模式的合理运用。具体绘制时应逐一绘制各个形体的三视图,同时注意三个视图必须同步画。通常可先绘制外形轮廓,再绘制内部结构,绘制完成后检查线型、线宽、颜色等的显示。

　　标注尺寸时应先标注径向尺寸,然后从基准出发逐一标注长、宽、高三个方向的线性尺寸,最后标注其他尺寸(如倒角),视图合理显示、检查无误后保存。

2.5 项 目 练 习

2.5.1 绘制组合体视图(不标尺寸)

(1)

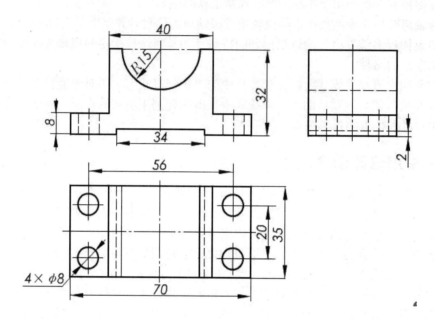

(2)

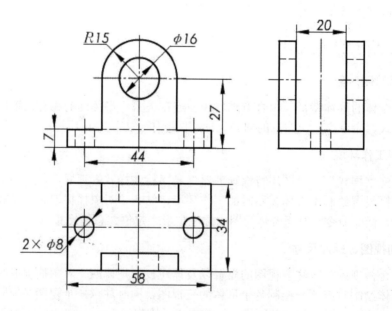

(3)

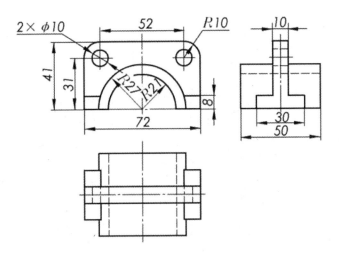

(4)

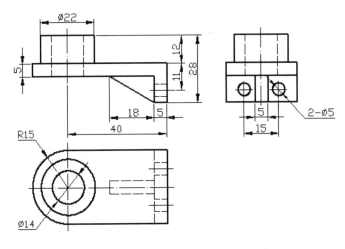

2.5.2　绘制组合体视图(标注尺寸)

(1)　　　　　　　　　　　　　　　　(2)

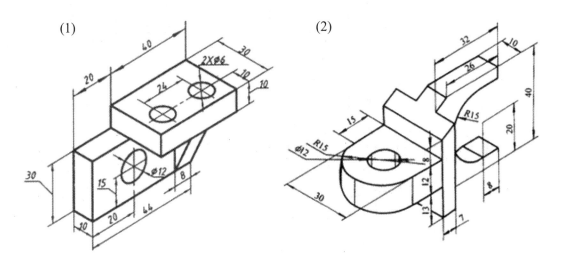

(3)

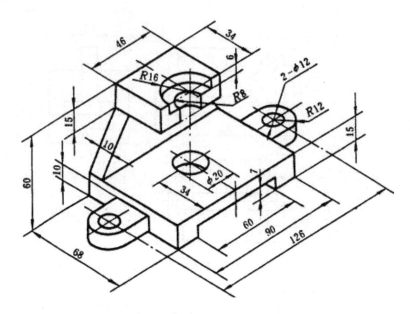

2.5.3 绘制组合体视图(支座)

图层设置

粗实线：线型 Continuous，线宽 0.50 mm，颜色为红色。细实线：线型 Continuous，线宽默认，颜色为洋红。点画线：线型 ACAD_ISO04W100，线宽默认，颜色为青色。虚线：ACAD_ISO02W100，线宽默认，颜色为9#灰色。

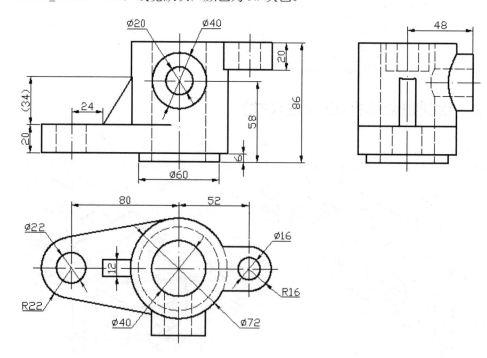

项目 3 零件图的绘制

项目简介

零件图是表达零件结构、大小、技术要求的工程图样，是制造和检验零件的重要技术文件，是联系设计者和加工者的重要技术桥梁。零件图由视图、尺寸、技术要求、标题栏等四部分组成，分别反映零件的形状、大小、质量、信息。

学习要点

本项目主要学习零件图绘制时 A3 标准图框的设计以及零件图绘制时的方法和步骤。通过本项目的学习，可为工程零件的设计提供必要的技术支持。

知识目标

(1) 会设计标准图框、设置工作环境、输入多行文字。
(2) 能运用标注样式和对象特性管理器进行有关设置。
(3) 能正确、完整、清晰、合理地绘制零件图。

3.1 零件图绘图框的设计

3.1.1 标准图框介绍

图纸幅面是图纸的边界围成的区域，代号分为 A0、A1、A2、A3、A4。图框格式是用粗实线表示的绘图区域，反映零件的各种视图、尺寸、技术要求、标题栏等内容。

在 CAD 绘图中，常将图幅和图框合二为一，将图幅的国标尺寸作为图框的实际大小，零件图绘制中常用 A3 图框(420×297)。为最大限度地增大绘图区域以方便作图，标题栏可采用自制格式，主要反映零件的名称、材料、比例等重要信息。

3.1.2 设置工作环境

1. 设置图层

绘制标准图框所需的图层可在"图层特性管理器"对话框中进行设置，具体如下。

粗实线(图层 1)的线型为 Continuous，线宽 0.50 mm，红色；标注尺寸、文字、技术要求所需的细实线(图层 2)的线型仍为 Continuous，线宽默认，青色；点画线(图层 3)的线型为 ACAD_ISO04W100，线宽默认，黄色。

虚线(图层 4)的线型为 ACAD_ISO02W100，线宽默认，9# 灰色。尺寸、文字、技术要求等也可分设不同颜色，但线宽应尽量一致，以保证图形元素的统一和美观。

2. 设置文字样式

(1) 文字样式一。

选择菜单栏中的"格式"→"文字样式"命令，在系统弹出的"文字样式"对话框中新建文字样式，样式名仍取系统默认的"样式1"。

在"文字样式"对话框的"字体名"下拉列表中选择 txt.shx 西文字体。当"使用大字体"复选框处于默认状态时(未选中)，中文字体为"宋体"，如图3-1所示。

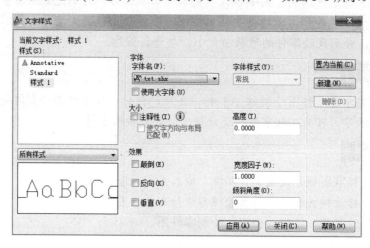

图3-1　新建文字样式1

采用"txt.shx+宋体"的字体组合能使图样的整体表达清晰、美观、大气，在图样的绘制中经常采用，其A3自制图框如图3-2所示。

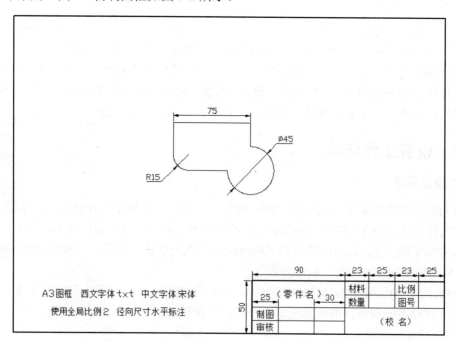

图3-2　A3自制图框(txt/宋体)

(2) 文字样式二。

在"文字样式"对话框中新建"样式 2","字体名"下拉列表框选择 gbenor.shx 国标西文字体。选中"使用大字体"复选框后("字体名"→"SHX 字体","字体样式"→"大字体"),在"大字体"下拉列表中选择 gbcbig.shx 国标中文字体,其他选项组采用默认设置。新建的文字样式 2 如图 3-3 所示,A3 自制图框如图 3-4 所示。

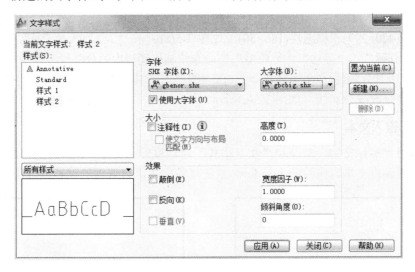

图 3-3 新建文字样式 2

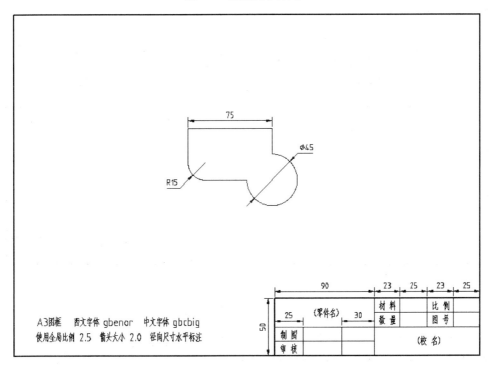

图 3-4 A3 自制图框(gbenor/gbcbig)

【例3-1】自制绘图框

步骤1 绘制图框和标题栏

(1) 图层设置详见前述，文字样式采用"txt.shx+宋体"的字体组合，"标注样式管理器"对话框中"使用全局比例"值设置为2，径向尺寸水平标注、带引线。

(2) 在"图层"工具栏下拉列表中选择图层1、运用"矩形"命令、采用相对直角坐标绘制 A3 图框(420×297)和标题栏(186×50)，如图3-5(a)所示。

(3) 用"分解"、"偏移"、"修剪"等命令绘制标题栏内的分隔线，如图3-5(b)所示。

(4) 选中所有分隔线(产生蓝色夹点)、在"图层"工具栏下拉列表中选择图层 2，将分隔线由粗实线修改成细实线，如图3-5(c)所示。

步骤2 输入文本

综合运用"多行文字"命令和"文字格式"对话框输入文本"(零件名)"，如图3-5(d)所示。输入或编辑文本时应注意 Windows 系统任务栏中语言选项的调整或选用。

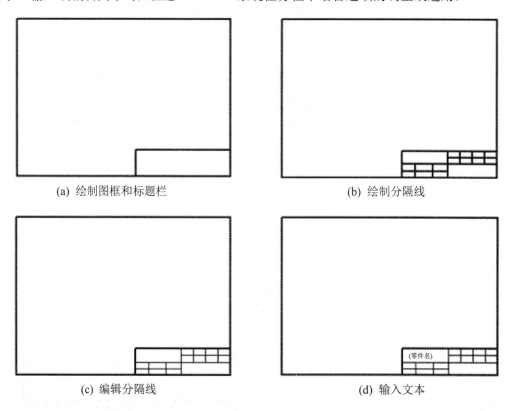

(a) 绘制图框和标题栏   (b) 绘制分隔线

(c) 编辑分隔线   (d) 输入文本

图3-5 A3 图框的绘制过程

单击"绘图"工具栏中的"多行文字"按钮 **A**，此时命令行提示如下。

指定第一角点：选择"(零件名)"框的左上端点

指定对角点或[高度(H)/对正(J)/行距(L)/旋转(R)/样式(S)/宽度(W)/栏(C)]：**j** 按回车键

输入对正方式[左上(TL)/中上(TC)/右上(TR)/左中(ML)/正中(MC)/右中(MR)/左下(BL)/中下(BC)/右下(BR)]<左上(TL)>：**mc** 按回车键

指定对角点或[高度(H)/对正(J)/行距(L)/旋转(R)/样式(S)/宽度(W)/栏(C)]：选择"(零件名)"框的右下端点，系统弹出"文字格式"对话框，输入文本"(零件名)"，如图 3-6 所示

选中"(零件名)"，在"字高"文本框中输入"6"后单击文本(系统默认字高 2.5)，字高变化如图 3-7 所示。单击"确定"按钮后退出"文字格式"对话框，完成文本的输入。

标题栏中的"材料"、"比例"、"审核"等文本信息参照上述方式填写，"文字格式"对话框中各项设置的操作请用户自行练习(如文本框中"列宽"和"列高"的调整)。绘制完成的 A3 图框如图 3-8 所示，全屏显示(Z↙ → E↙)后，以本例的名称作为文件名保存。

图 3-6 "文字格式"对话框(h＝2.5)

图 3-7 调整字高(h＝6)

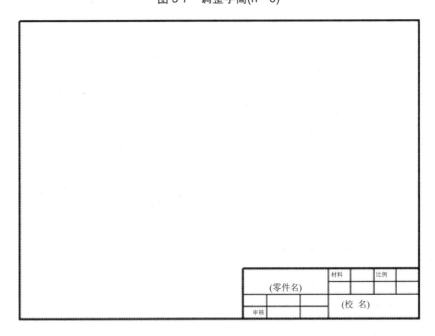

图 3-8 A3 自制图框(420×297)

3.2　零件图的绘制方法和步骤

3.2.1　零件图的内容

一组视图：用一组视图表达零件的内、外形状，其中包括零件的各种表达方法，如基本视图、剖视图、断面图、局部放大图、简化画法等。

完整尺寸：根据选定的基准，标注制造和检验零件所需的全部尺寸。

技术要求：用规定的代号、数字、字母和文字注解说明制造和检验零件时必须达到的各项技术指标和要求，如尺寸公差、形位公差、表面粗糙度、材料和热处理等。

标题栏：填写零件的名称、材料、数量、比例、图号、姓名、日期等基本信息。

3.2.2　绘制方法和步骤(案例精解)

【例 3-2】绘制零件图

综合运用各种命令、"对象捕捉追踪"模式、"特性"选项板以及"图层特性"、"标注样式"、"多重引线样式"等管理器绘制如图 3-9 所示的转轴零件图。

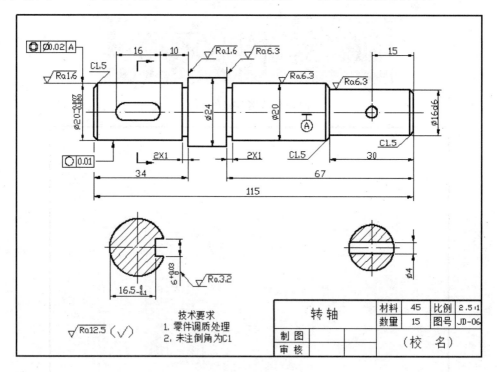

图 3-9　转轴零件图

步骤 1　绘制视图

(1) 绘制外形轮廓。

① 调用"自制绘图框.dwg"CAD 文件，选择图层 1，运用相对直角坐标和"矩形"

命令绘制长方形，具体尺寸是 32×20、2×18、14×24、2×18、35×20、30×16。输入尺寸时常取比例 1:1，绘制完成的长方形如图 3-10(a)所示。

②　按照图示顺序、运用"移动"命令结合"中点"命令对象捕捉长方形以形成转轴主视图的基本轮廓，如图 3-10(b)所示。

③　继续运用各种命令、合理选择图层完成转轴主视图和断面图外形轮廓的绘制，如图 3-10(c)所示。转轴断面图的标注和剖面线的画法如下所述。

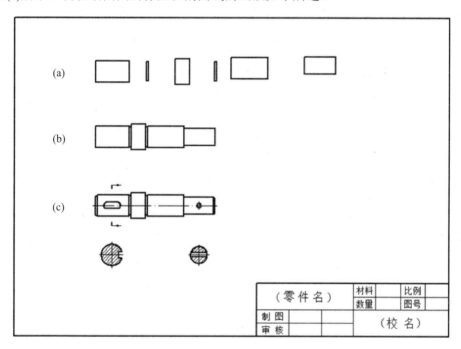

图 3-10　绘制视图（"缩放"比例因子＝1）

(2) 绘制标注符号。

①　选择图层 1，启用"对象捕捉追踪"模式，运用"直线"命令对象捕捉断面图纵轴线绘制剖切符号(高约 3.5)。

②　单击"样式"工具栏中的"多重引线样式"按钮 ，在系统弹出的"多重引线样式管理器"对话框中单击"修改"按钮，弹出"修改多重引线样式：standard"对话框。

③　单击该对话框中的"内容"选项卡，在"多重引线类型"下拉列表中选择"无"选项，单击"确定"和"关闭"按钮后退出对话框。

④　选择图层 2 和菜单栏中的"标注"→"多重引线"命令，此时命令行提示：

指定引线箭头的位置或[引线基线优先(L)/内容优先(C)/选项(O)]<选项>：选择图 3-10(c)箭头所在位置

指定引线基线的位置：左移引线与剖切符号正交后，单击(长约 8.5 mm)，完成引线的绘制

⑤　运用"分解"、"镜像"等命令删除多余引线、复制标注符号，如图 3-10(c)所示。

(3) 绘制剖面线。

单击"绘图"工具栏中的"图案填充"按钮，系统弹出"图案填充和渐变色"对话框，其主要选项的功能和设置如下所述。

① 金属零件的剖面线可选择"图案"下拉列表框中的 ANSI31。"样例"显示框可观察剖面线的形状，单击该框可打开"填充图案选项板"对话框选择剖面符号，其作用和从"图案"下拉列表框中选取剖面线类型一样，但更加直观、全面。

② "角度"下拉列表框调整剖面线的方向，默认值为 0，0°和 90°分别表示左低右高和左高右低的45°剖面线。"比例"下拉列表框调整剖面线的间隔，默认值为1。"角度"和"比例"值均可通过下拉列表框选择或直接在文本框中输入。

③ 单击"添加：拾取点"按钮确定填充边界(剖面线的绘制范围)，此时命令行提示：

拾取内部点或[选择对象(S)/删除边界(B)]：选择图 3-10(c)断面图内的空白处，原有的图线变成虚线，表示填充边界。右击后选择快捷菜单中的"确认"命令，系统返回到"图案填充和渐变色"对话框。单击该对话框左下角的"预览"按钮，在绘图区中观察剖面线效果

拾取或按 Esc 键返回到对话框或<单击右键接受图案填充>：按 Esc 键，系统重新返回到"图案填充和渐变色"对话框，将"比例"值调整为 0.75，单击"预览"按钮继续观察效果

拾取或按 Esc 键返回到对话框或<单击右键接受图案填充>：右击，完成剖面线的绘制

必须注意，图案填充时一定要在封闭线框内进行。绘制完成的转轴断面图如图 3-10(c)所示，"图案填充和渐变色"对话框的设置如图 3-11 所示。

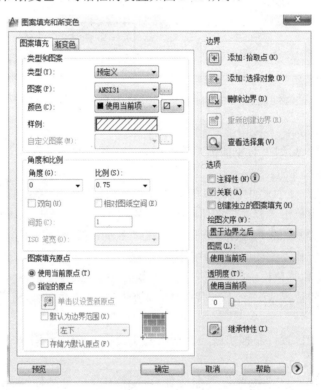

图 3-11 "图案填充和渐变色"对话框的设置

(4) 缩放视图。

从图 3-10(c)中可以看出，转轴的视图表达相对于 A3 图框显得过小，必须适当放大。

单击"修改"工具栏中的"缩放"按钮 ，此时命令行提示：

选择对象：选择图 3-10(c)所示的主视图和断面图

选择对象：按回车键

指定基点：选择主视图左端面的中点

指定比例因子或[复制(C)/参照(R)]：**2.5**(图形放大 1.5 倍) 按回车键完成缩放，如图 3-12 所示

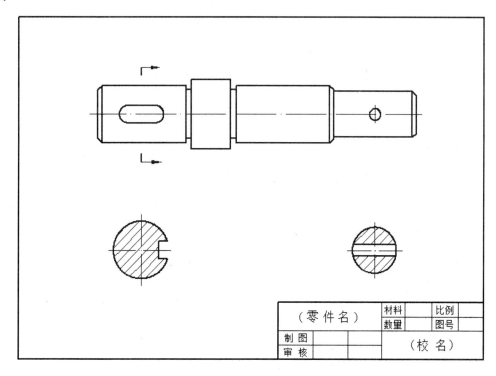

图 3-12   绘制视图（"缩放"比例因子＝2.5)

步骤 2   标注尺寸

绘图过程中，为使视图的大小相对于 A3 图框比较合理，常采用"缩放"命令。必须注意的是，此处的"缩放"命令是修改命令，是将视图的尺寸真实地放大或缩小，因此有别于透明命令中的"缩放"。为避免尺寸失真从而影响零件加工，可通过设置标注样式管理器"主单位"选项卡中的"比例因子"来加以调整。

(1) "主单位"选项卡。

"标注样式管理器"对话框中的"主单位"选项卡主要用于设置尺寸标注时的单位格式、精度、小数分隔符、比例因子等。"测量单位比例"中的"比例因子"关系到尺寸标注时的实际加工值，应引起足够的重视。"比例因子"的确定方法是："缩放"命令的"比例因子"×"测量单位比例"的"比例因子"＝1。若"缩放"命令的"比例因子"取 0.5，则"测量单位比例"的"比例因子"取 2(0.5×2＝1)，以保证标注的尺寸仍为实际的

加工尺寸。

(2) 设置"比例因子"。

在"标注样式管理器"对话框的"副本 ISO-25"标注样式下单击"修改"按钮,系统弹出"修改标注样式:副本 ISO-25"对话框。

单击"修改标注样式:副本 ISO-25"对话框中的"主单位"选项卡,在"小数分隔符"下拉列表框中选择"句点"。

在"主单位"选项卡的"比例因子"文本框中输入"0.4"(默认值为 1),以使尺寸原值仍为 1(2.5×0.4=1)。"主单位"选项卡的具体设置如图 3-13 所示。

图 3-13 "主单位"选项卡(比例因子=0.4)

(3) 标注径向和线性尺寸。

选择图层 2、运用标注命令、启用"对象捕捉追踪"模式,保证"样式"工具栏中的文字、标注等当前样式如图 3-14 所示,标注完成的零件图如图 3-15 所示。

转轴左轴段的直径尺寸 $\phi 20^{-0.007}_{-0.020}$ 暂标 20 或 ϕ20(极限偏差的标注方法详见本例的步骤 3),倒角 C1.5 的标注如下所述。

① 单击"多重引线样式管理器"对话框中的"新建"按钮,系统弹出"创建新多重引线样式"对话框,新样式名仍采用默认的"副本 Standard"。单击该对话框中的"继续"按钮,弹出"修改多重引线样式:副本 Standard"对话框,如图 3-16 所示。

图 3-14 "样式"工具栏中的各种当前样式

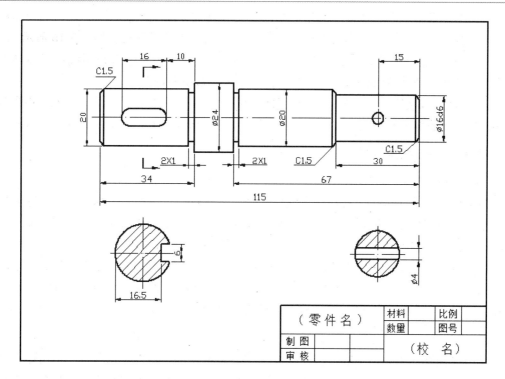

图 3-15　标注尺寸

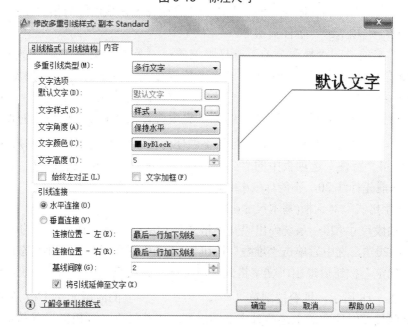

图 3-16　在"内容"选项卡中设置

②　在该对话框的"引线格式"选项卡中，"符号"选择"无"。打开"引线结构"选项卡，选中"第一段角度"复选框后，选择"45"。

③　在该对话框的"内容"选项卡中，"多重引线类型"选择"多行文字"，"文字

样式"选择"样式 1"，"文字高度"输入"5"(2.5×2＝5)，"连接位置-左"和"连接位置-右"均设置为"最后一行加下划线"。"内容"选项卡的具体设置如图 3-16 所示。

④ 单击"确定"和"关闭"按钮后，在"样式"工具栏的"多重引线样式控制"窗口中自动出现"副本 Standard"当前多重引线样式，如图 3-14 所示。

⑤ 关闭"正交模式"开关，选择菜单栏中的"标注"→"多重引线"命令，在图 3-15 所示的倒角位置绘制引线后，在"文字格式"对话框中输入"C1.5"，完成倒角的标注。

步骤 3　标注技术要求

(1) 标注极限偏差。

极限偏差的标注可在"特性"选项板、"文字格式"对话框、"标注样式管理器"对话框中通过设置尺寸的属性来完成。"标注样式管理器"对话框中的"公差"选项卡可在某个标注样式下设置极限偏差，但在此样式下标注的尺寸都带有相同的极限偏差，实际操作时很不方便，因此常通过"特性"选项板或"文字格式"对话框标注尺寸的极限偏差。

现以转轴左轴段直径尺寸 $\phi20^{-0.007}_{-0.020}$ 为例，具体说明极限偏差的两种常用标注方法。断面图线性尺寸 $6^{+0.03}_{0}$ 和 $16.5^{0}_{-0.1}$ 中的极限偏差同理标注。

① "特性"选项板(基本尺寸 20)。

单击"标准"工具栏中的"特性"按钮 ，系统弹出"特性"选项板。单击该选项板中的"选择对象"按钮 ，选择左轴段尺寸 20 后右击，返回到"特性"选项板，在相应选项卡中进行直径符号和极限偏差的设置，并注意绘图区中该设置的相关提示。

"主单位"选项卡："标注前缀"→ %%C。

"公差"选项卡："显示公差"→极限偏差；"公差下偏差"(默认为负)→0.020；"公差上偏差"(默认为正)→-0.007；"水平放置公差"→中；"公差精度"→0.000；"公差消去后续零"→否；"公差文字高度"→0.7，其他采用默认设置。

单击"特性"选项板的"关闭"按钮 ，完成直径 $\phi20^{-0.007}_{-0.020}$ 极限偏差的设置，具体如图 3-17 所示。必须注意的是：只有先标注不做任何修改的线性尺寸或径向尺寸(即原始尺寸)，才能运用"特性"选项板中的"公差"选项卡进行极限偏差的设置，如本例中的径向尺寸 $\phi20$ 只能先标注 20，不能标成 $\phi20$。

② "文字格式"对话框(基本尺寸 $\phi20$)。

双击左轴段尺寸 $\phi20$，系统弹出"文字格式"对话框。然后在文本框的 $\phi20$ 后面输入"-0.007^-0.020"，选中后单击"堆叠"按钮 (未选中对象时处于虚化状态)。

单击"确定"按钮后退出"文字格式"对话框，完成直径 $\phi20^{-0.007}_{-0.020}$ 中极限偏差的设置和标注，如图 3-18 所示，堆叠控制符"^"、"/"、"#"的应用如图 3-19 所示。

标注极限偏差时应注意上述两种方法的区别："特性"选项板能设置基本尺寸的位置和偏差值的字高，整体显示合理，但只能在原始尺寸状态下设置极限偏差的各个选项。"文字格式"对话框标注方便，简单实用，但基本尺寸相对于偏差值的位置偏下，不符合绘图习惯。具体标注时，用户可根据自己的理解和行业要求统一采用其中一种标注方式。

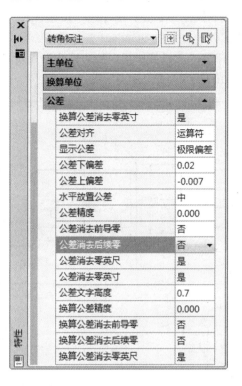

图 3-17　极限偏差的设置(一)

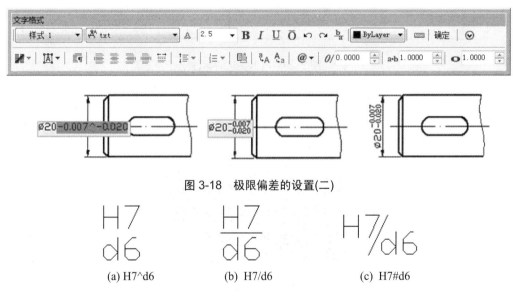

图 3-18　极限偏差的设置(二)

(a) H7^d6　　　　(b) H7/d6　　　　(c) H7#d6

图 3-19　堆叠控制符的应用

(2) 标注形位公差。

转轴$\phi 20^{-0.007}_{-0.020}$轴段的外圆表面有形状公差要求,外圆轴线相对于中心轴线也有位置公差要求,具体是:外圆表面的圆度公差为 0.01mm,外圆轴线相对于中心轴线的同轴度公差为$\phi 0.02$mm。形状公差和位置公差的标注方法如下所述。

① 单击"样式"工具栏中的"多重引线样式"按钮 ，在系统弹出的"多重引线样式管理器"对话框中将样式列表框中的 Standard 置为当前。

② 打开"正交模式"开关，选择菜单栏中的"标注"→"多重引线"命令，在图 3-20 所示的位置完成圆度公差和同轴度公差标注中引线的绘制。

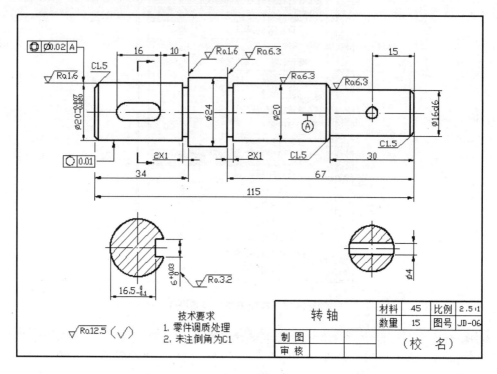

图 3-20　技术要求的标注

③ 单击"标注"工具栏中的"公差"按钮 ，系统弹出"形位公差"对话框。单击该对话框中"符号"项的首个黑框，弹出"特征符号"窗口，如图 3-21 所示。

特征符号

图 3-21　"特征符号"窗口

④ 在"特征符号"窗口中选择"圆度"符号 ，"形位公差"对话框的"公差 1"文本框中输入"0.01"，单击"确定"按钮后完成圆度公差的设置，如图 3-22 所示。

⑤ 运用"移动"命令将形位公差框格平移至图 3-20 所示的位置，完成圆度公差的标注，同时运用"分解"和"打断"命令将穿过框格的尺寸界线打断。

⑥ 同理标注同轴度公差，其公差项目的设置和基准符号的绘制如图 3-23 所示。

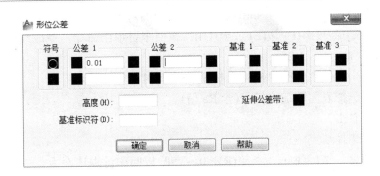

图 3-22 圆度公差的设置

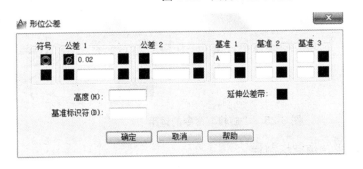

图 3-23 同轴度公差的设置、基准符号的绘制

(3) 标注表面粗糙度。

转轴的机加工表面都有具体的表面粗糙度要求,其主要表面(配合面和基准面)的 Ra 值较高(1.6~6.3μm),次要表面(未注表面)的 Ra 值较低(12.5μm),如图 3-20 所示。

表面粗糙度符号的绘制如图 3-24 所示,完成后综合运用"复制"、"移动"、"旋转"、"夹点"命令复制、移转、编辑符号,运用"文字格式"对话框修改 Ra 值。

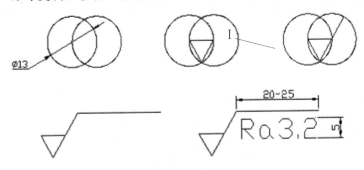

图 3-24 表面粗糙度符号的绘制

标注完成的表面粗糙度如图 3-20 所示,标注过程中所需的新命令介绍如下。

① "延伸"命令(图 3-24)。

单击"修改"工具栏中的"延伸"按钮┉╱,此时命令行提示:

选择对象或<全部选择>:右击

选择要延伸的对象,或按住 Shift 键选择要修剪的对象,或

[栏选(F)/窗交(C)/投影(P)/边(E)/放弃(U)]:选择线段Ⅰ

选择要延伸的对象，或按住 shift 键选择要修剪的对象，或

[栏选(F)/窗交(C)/投影(P)/边(E)/放弃(U)]：按回车键退出命令，完成线段Ⅰ的延伸

② "旋转"命令(图 3-25)。

单击"修改"工具栏中的"旋转"按钮◯，此时命令行提示：

选择对象：选择表面粗糙度符号(含 Ra 值)

选择对象：右击

指定基点：选择端点

指定旋转角度，或[复制(C)/参照(R)]<0>：**90** 按回车键退出命令，完成表面粗糙度符号的旋转

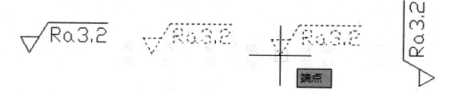

图 3-25　"旋转"命令的运用

步骤4　输入技术要求，填写标题栏

文字样式采用"txt.shx+宋体"的字体组合，文字高度"6"，运用"多行文字"命令和"文字格式"对话框输入技术要求(零件调质处理，未注倒角 C1)，同时填写标题栏中零件的名称、材料、比例等基本信息。绘制完成的转轴零件图如图 3-20 所示。

另外，可将零件图绘制过程中常用的符号(如剖切、基准、表面粗糙度符号)保存于自制的 A3 图框内以方便绘图，如图 3-26 所示。日常绘图中，可将常用的符号、标记、文字等随时添加其中，以达到规范图样表达、提高绘图效率的目的。

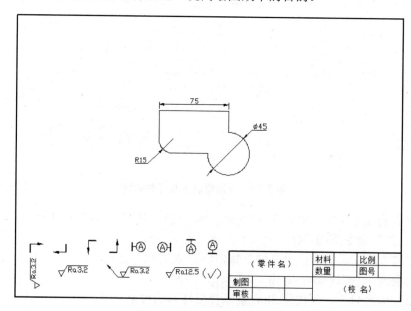

图 3-26　A3 自制图框内的常用符号

3.2.3 零件图的打印

零件图绘制完成后，通常需要打印输出以实现文件存档、技术交流、指导零件加工的目的。AutoCAD 2012 绘图软件有模型输出和布局输出两种打印方式，两者的操作方法基本相同，区别在于布局输出是在图纸空间中进行，可以打印多个视口(绘图窗口)的图形，而模型输出只能打印一个视口内的图形。零件图的打印常在模型空间中进行。

1. 打印准备

(1) 设置绘图区背景颜色。

① 将十字光标置于绘图区并右击、选择快捷菜单中的"选项"命令，系统弹出"选项"对话框。单击对话框中的"显示"标签，系统打开"显示"选项卡。

② 单击"显示"选项卡中的"颜色"按钮，系统弹出"图形窗口颜色"对话框，在该对话框的"颜色"下拉列表中选择"白"选项。单击"应用并关闭"按钮后，系统返回到"选项"对话框。单击"确定"按钮，绘图区的背景颜色变为白色。

(2) 设置图层。

单击"图层"工具栏中的"图层"按钮🔲，将"图层特性管理器"对话框中的图层颜色全部设置为黑色。打印准备的主要目的就是打印"白底黑线"的零件图。

2. 功能设置

单击"标准"工具栏中的"打印"按钮🖨，系统弹出"打印-模型"对话框。转轴零件图的打印设置如下所述，设置完成的"打印-模型"对话框如图 3-27 所示。另外，设置过程中应注意预览框对图纸位置和大小的模拟显示。

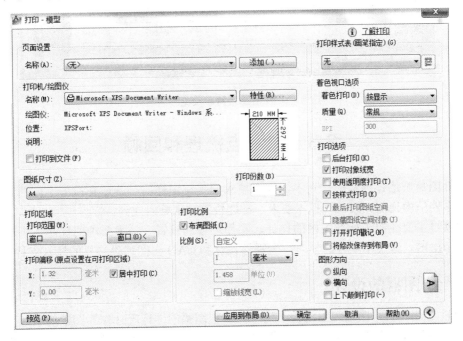

图 3-27 在"打印-模型"对话框中进行设置

(1) 在"名称"下拉列表中选择打印机，如 Microsoft XPS Document Writer。在"图纸尺寸"下拉列表中选择所需的图纸幅面，如 A4。

(2) 在"打印范围"下拉列表框中选择"窗口"，系统返回到绘图区。窗选零件图框后重新返回到"打印-模型"对话框，选中"居中打印"复选框。

(3) "打印份数"的默认值为 1，必要时可在其文本框中输入具体的打印份数或采用微调按钮确定，"打印比例"采用默认设置(布满图纸)。

(4) 单击右下角的"更多选项"按钮 ⊙ 可打开"打印-模型"对话框，如图 3-27 所示。"着色打印"采用默认设置(按显示)，"图形方向"选择"横向"。

(5) 单击左下角的"预览"按钮进行打印前的图纸预览，如图 3-28 所示。按 Esc 键再次返回到"打印-模型"对话框，确认无误后单击"确定"按钮，即可打印出图。

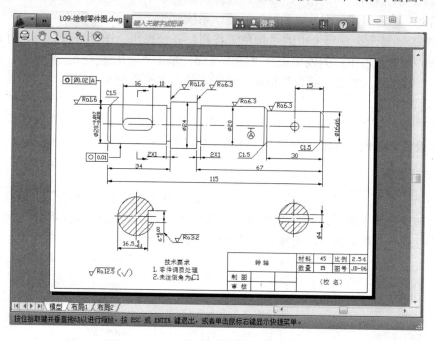

图 3-28　打印预览

3.3　知识点梳理和回顾

零件图是表达零件结构、大小、技术要求的工程图样，是制造和检验零件的重要技术文件。零件图由视图、尺寸、技术要求、标题栏等四部分组成。

本项目主要介绍了标准图框的设计、工作环境的设置、技术要求的标注、零件图的绘制和打印输出。通过本项目的学习，为零件设计和 CAD 出图提供必要的技术支持。

3.3.1　绘图框的设计

CAD 绘图中常将图幅和图框合二为一，即把图幅的国标尺寸作为图框的实际大小。本项目采用 A3 标准图框绘制零件图。为最大限度地增大绘图区域以方便作图，标题栏采用自制格式，主要反映零件的名称、材料、比例等重要信息。

1．设置图层

粗实线(图层 1)的线型为 Continuous，线宽 0.50 mm，红色；标注尺寸、文字、技术要求所需的细实线(图层 2)的线型为 Continuous，线宽默认，青色；点画线(图层 3)的线型为 ACAD_ISO04W100，线宽默认，黄色。

虚线(图层 4)的线型为 ACAD_ISO02W100，线宽默认，9# 灰色。尺寸、文字、技术要求等也可分设不同颜色，但线宽尽量一致，以保证图形元素的统一和美观。

2．文字样式

为使图样的整体表达清晰、美观，文字样式常采用"txt.shx+宋体"的字体组合，具体可通过"文字样式"对话框新建样式，只要在"字体名"下拉列表框中选择 txt.shx 西文字体即可，其他选项组采用默认设置。

3．标注样式

在"标注样式管理器"对话框的"调整"选项卡中设置"使用全局比例"值为 2，同时通过"文字"和"调整"选项卡将径向尺寸设置为水平标注、带引线。

4．绘制步骤

(1) 选择图层 1、运用"矩形"命令、采用相对直角坐标绘制 A3 图框(420×297)和标题栏(186×50)。运用"分解"、"偏移"、"修剪"等命令绘制标题栏内的分隔线。选中所有分隔线，选择图层 2，将分隔线由粗实线变成细实线。

(2) 运用"多行文字"命令和"文字格式"对话框输入标题栏的文本信息，如零件名称、比例、数量、材料、图号等。文本居中显示，高度为 6。

3.3.2　零件图的绘制

1．绘制视图

调用例 3-1 保存的"自制绘图框.dwg"CAD 文件，综合运用命令、合理选择图层，以 1:1 比例绘制视图，绘图过程中注意透明命令和"对象捕捉追踪"模式的运用。

"图案填充"命令和"图案填充和渐变色"对话框可绘制剖视图或断面图所需的剖面线，金属零件的剖面线为"图案"下拉列表框中的 ANSI31。"角度"和"比例"文本框可分别调整剖面线的方向和间隔，而"添加：拾取点"按钮可用来确定填充边界(剖面线的绘制范围)。必须注意的是，图案填充一定要在封闭线框内进行。

"多重引线样式管理器"对话框和"多重引线"命令可对视图剖切后的投影方向进行标注，也可采用分解尺寸的方法绘制投影箭头。视图名称(大写英文字母)可通过"多行文字"命令和"文字格式"对话框输入。

2．标注尺寸

(1) 缩放视图。

绘图过程中，为使视图的大小相对于 A3 图框比较合理，常采用"缩放"命令。必须注意的是，"缩放"命令是将视图的尺寸真实放大或缩小。为避免尺寸失真影响加工，可通过设置标注样式管理器"主单位"选项卡中的"比例因子"来加以调整，具体方法是："缩放"命令的"比例因子"×"测量单位比例"的"比例因子"＝1。

(2) 标注尺寸。

综合运用标注命令、合理选择图层、启用"对象捕捉追踪"模式标注尺寸，通常的标注顺序是径向尺寸、线性尺寸、倒角尺寸、角度尺寸。

线性尺寸的标注是从基准出发、从里到外进行，同时保证尺寸线的间隔均匀，尺寸位置满足投影规律。倒角尺寸可采用"多重引线样式管理器"对话框和"多重引线"命令进行标注，必要时可运用"分解"和"移动"命令调整倒角各部分的相互位置。

3. 技术要求

(1) 标注极限偏差。

极限偏差常通过"特性"选项板的"公差"选项卡或"文字格式"对话框进行标注。

"特性"选项板可调整基本尺寸和偏差值的位置，同时可设置或输入极限偏差值的数值、精度、字高等，整体显示合理、美观，但只能在原始尺寸(不做任何修改的尺寸)状态下设置极限偏差的各个选项。

另外，如果下偏差为 0，则"公差下偏差"文本框中应输入"-0"。对称偏差可在尺寸标注时通过"文字(T)"选项和标注控制符进行，如"10%%P0.1＝10±0.1"。

"文字格式"对话框利用堆叠控制符输入极限偏差，其标注方便，简单实用，但基本尺寸相对于偏差值的位置偏下，不符合绘图习惯。

具体标注时，用户可根据自己的理解和要求统一采用其中一种标注方式。

(2) 标注形位公差。

指引线箭头可通过"多重引线样式管理器"对话框和"多重引线"命令进行设置和标注，而"形位公差"对话框则可对项目符号、形位公差值、基准字母进行设置或输入。基准符号从 A3 自制图框中选取，必要时可通过"缩放"命令将其放大或缩小。

(3) 标注表面粗糙度。

表面粗糙度符号可从 A3 图框中选取，必要时通过"缩放"命令将其放大或缩小。标注过程中综合运用修改命令复制、修改、移转符号，从"文字格式"对话框修改 Ra 值。

(4) 输入技术要求，填写标题栏。

运用"多行文字"命令和"文字格式"对话框输入技术要求，同时填写标题栏中零件的名称、比例等基本信息。文字样式采用"txt.shx+宋体"组合，文字高度为 6。

3.3.3　零件图的打印

零件图绘制完成后，通常需要打印输出以达到文件存档、技术交流、指导零件加工的目的。零件图的打印常在模型空间中进行。打印前应将绘图区的背景颜色设置为白色，同时，将图层中各种线型的颜色设置为黑色。

零件图的打印设置可在"打印-模型"对话框中进行，设置过程中应注意预览框对图纸位置和大小的模拟显示。

在"名称"、"图纸尺寸"、"打印范围"下拉列表中可分别选择打印机的类型、图纸的幅面大小和打印范围。打印范围通常采用"窗口"方式、居中打印。"打印比例"采用"布满图纸"，"着色打印"采用"按显示"默认设置。

"图形方向"可选择图纸是"横向"还是"纵向"布置。单击"预览"按钮可进行打印前的图纸预览，确认无误后即可打印出图。

3.4 项 目 练 习

3.4.1 转轴零件图

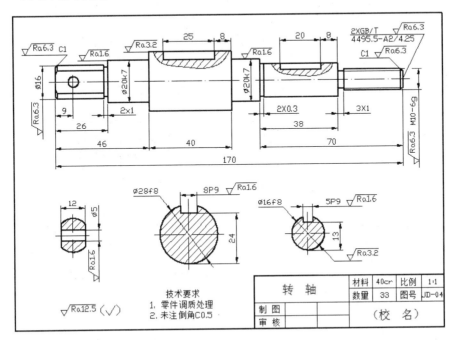

3.4.2 端盖零件图

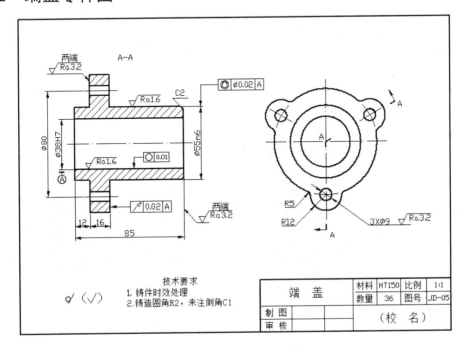

3.4.3　拨叉零件图

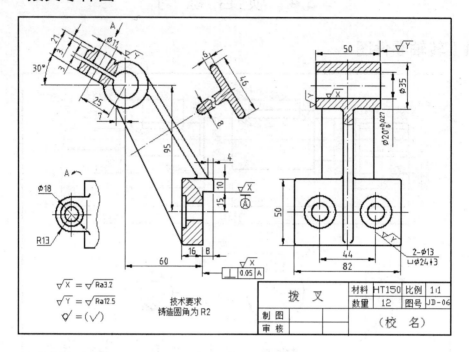

拨　叉	材料	HT150	比例	1:1
	数量	12	图号	JD-06
制　图				
审　核			（校　名）	

3.4.4　支座零件图

零件介绍：支座，材料 HT200，数量 10 件，图号 JD-07。

技术要求：$\phi20$ 通孔为基准孔，公差等级 7 级，其轴线的直线度公差为 0.02 mm，相对于顶面的平行度公差为 0.03mm。$\phi20$ 正垂通孔的 Ra 值为 3.2μm，其他通孔及水平面的 Ra 值为 6.3μm。支座的未加工部分为毛坯，铸造圆角为 R1，进行时效处理。

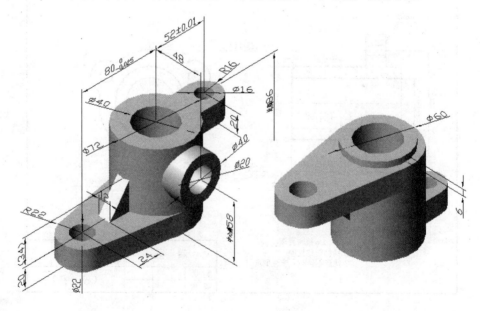

项目 4　装配图的绘制

项目简介

表达机器或部件的工程图样统称为装配图，其主要作用是表达装配体的工作原理、装配关系、结构形状和技术要求。装配图由视图、尺寸、技术要求、序号、明细栏、标题栏组成，其中最重要的是反映零件装配关系的一组视图。

学习要点

本项目主要学习装配图绘制时图块的定义和插入、表格的创建和编辑、装配图的绘制方法和步骤，为装配体的设计和出图提供必要的技术保证。

知识目标

(1) 会正确运用创建块、插入块、多行文字等绘图命令。
(2) 会正确创建和编辑表格、输入文字、调整边框线宽。
(3) 会正确、完整、清晰、合理、美观地绘制装配图。

4.1　图块的定义和插入

绘图过程中常会用到一些重复出现的图形，如螺栓、螺母、明细栏、标题栏等。如果每次都绘制这些图形，不仅会产生大量的重复操作，而且存储这些图形和信息也要占据相当大的磁盘空间，因此绘图时可将这些通用图形定义为图形文件(图块，简称"块")并将其存储作为绘图资源。当需要某个图块时，可将其调出插入图中以规范作图，也可将已绘制好的零件定义为图块插入到装配图中，以提高绘图效率。

4.1.1　图块的定义

所谓"块"，指的是将若干图形元素组合成一个单一对象。用户可将图块作为一个整体插入到图样中，也可对图块进行缩放、旋转，必要时可将其分解，进行编辑。

1. 绘制螺栓

现以标准螺栓定义为图形文件为例，具体说明图块的定义过程。绘制过程中采用比例画法($d=10$)，头部尺寸 $2d×0.7d$，小径 $0.85d$。绘制完成的螺栓主视图如图 4-1 所示。

图 4-1　螺栓的绘制

2. 定义图块

图块的定义有两种方式：一种是定义的图块只能在当前文件中使用，不能被其他绘图文件引用(专用图块)；另一种是定义的图块可供其他绘图文件插入和引用(公共图块)。

(1) 专用图块。

单击"绘图"工具栏中的"创建块"按钮 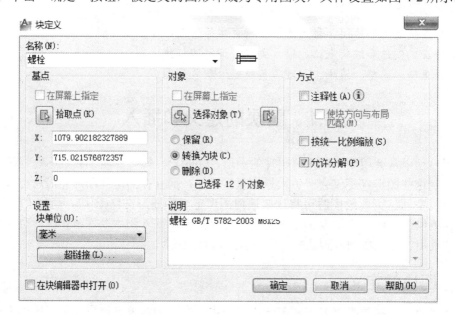 ，系统弹出"块定义"对话框，其主要选项的设置如下所述。

① 在"名称"文本框中输入表示螺栓标准件的文字代号"螺栓"(也可输入字母)。

② 在"基点"选项组中单击"拾取点"按钮，系统返回到绘图区，用十字光标自动捕捉螺栓标准件上的特殊点，如点 A。

③ 在"对象"选项组中单击"选择对象"按钮，系统重新返回到绘图区，选择螺栓主视图作为图块对象，此时在"名称"文本框的右侧出现将要定义的图块形状。

④ 在"说明"文本框中输入图块的文字简介(也可省略)，其他采用默认设置。

⑤ 单击"确定"按钮，被定义的图形即成为专用图块，具体设置如图 4-2 所示。

图 4-2　"块定义"对话框的设置

(2) 公共图块。

在 D 盘新建名为"资源库"的文件夹。在命令行中输入"WBLOCK"或"W"后，系统弹出"写块"对话框，其主要选项的设置如下所述。

① 选中"源"设置区的"块"单选按钮，在下拉列表框中选择已定义好的图块"螺栓"。在"目标"设置区的"文件名和路径"文本框中输入"D:\资源库\螺栓"。

② 单击"确定"按钮，被定义的图形即成为公共图块，具体设置如图 4-3 所示。

(3) 选项说明。

"源"设置区中的"整个图形"是指将整张图作为块。"对象"是指在绘图窗口中选择将作为块的图形，其操作与"块定义"对话框的设置相同。

图 4-3　"写块"对话框的设置

4.1.2　图块的插入

单击"绘图"工具栏中的"插入块"按钮，系统弹出"插入"对话框，其主要选项的设置如下所述，设置完成的对话框如图 4-4 所示。

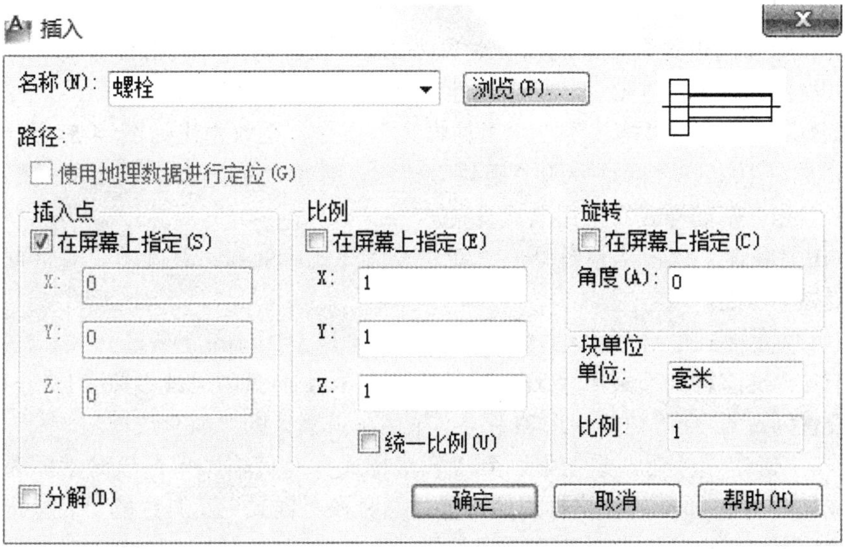

图 4-4　在"插入"对话框中进行设置

(1) 在"名称"文本框中输入文字"螺栓"或从下拉列表框中选择螺栓的专用块。若是新的绘图文件，则可单击"浏览"按钮从块文件夹"资源库"中获取公共块。

(2) 在"插入点"选项组中选中"在屏幕上指定"复选框(系统默认)后直接在绘图区中单击插入点，也可输入 X、Y、Z 坐标值确定。

(3) 在"比例"选项组中按相同比例(选中"统一比例"复选框，系统默认为 1)或不同比例输入插入块在 X、Y、Z 三个方向上的缩放比例。选中"在屏幕上指定"复选框后则可在命令行中直接输入插入块的缩放比例。

(4) 在"旋转"选项组的"角度"文本框中输入插入块的旋转角度，系统默认为 0。选中"在屏幕上指定"复选框后，则可在命令行中直接输入插入块的旋转角度。

单击"确定"按钮，系统返回到绘图窗口，此时命令行提示：

指定插入点或[基点(B)/比例(S)/X/Y/Z/旋转(R)]：直接选择需要插入的点，或根据命令行提示进行操作，即可完成"螺栓"图块的插入

必须注意的是，图块插入时是作为一个整体进行的，用户可对其执行复制、镜像、移动等操作，但不能直接编辑构成图块的元素，只有将其分解后才能编辑单个对象，如调整螺栓的工作长度(螺纹长度)、绘制头部或端部的倒角等。

4.2　表格的创建和编辑

反映装配体中零件的序号、名称、数量、材料、国标号等基本信息的明细栏是装配图的重要组成部分，利用 AutoCAD 2012 绘图软件中的增强表格功能可方便、快捷地绘制明细栏，下面具体介绍表格的创建和编辑方法。

4.2.1　表格的创建

1. 设置表格样式

表格是在行和列中包含数据的复合对象(图块)。在使用创建表格命令前，可先设置表格的样式以控制表格的基本形状和文字属性，操作过程如下所述。

(1) 选择菜单栏中的"格式"→"表格样式"命令，系统弹出如图 4-5 所示的"表格样式"对话框。单击该对话框中的"新建"按钮，弹出"创建新的表格样式"对话框，"新样式名"和"基础样式"采用默认设置。

(2) 单击"继续"按钮，系统弹出"新建表格样式：Standard 副本"对话框，其主要选项的设置如下所述。

① 在"单元样式"选项组的"常规"选项卡中，"对齐"项选择"正中"。"文字"选项卡的"文字样式"采用"txt.shx+宋体"字体组合(具体设置参照 3.1.2 小节)，"文字高度"设置为 3.5，在"边框"选项卡中，采用系统默认的"所有边框"。

② 单击"确定"按钮，系统返回到"表格样式"对话框。单击该对话框的"关闭"按钮，完成如图 4-6 所示的表格样式的设置，同时在"样式"工具栏的"表格样式控制"窗口中自动出现"Standard 副本"当前表格样式。

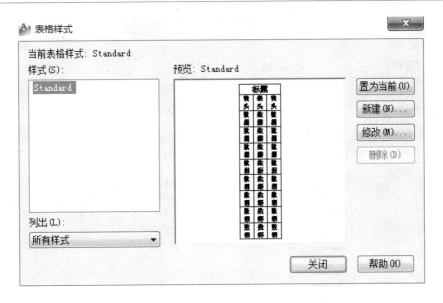

图 4-5　"表格样式"对话框

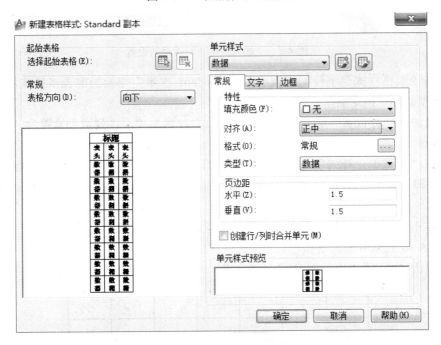

图 4-6　在"新建表格样式：Standard 副本"对话框中进行设置

2. 创建表格

(1) 表格要求。

当前表格样式采用已经设置完成的"Standard 副本"，表格中的行列数为 9×7，列宽 18，单行文字，全数据输入(数据：反映单元格内容的文字信息)。

(2) 设置方法。

单击"绘图"工具栏中的"表格"按钮▦，系统弹出"插入表格"对话框，其主要选项的设置如下所述，设置完成的对话框如图 4-7 所示。

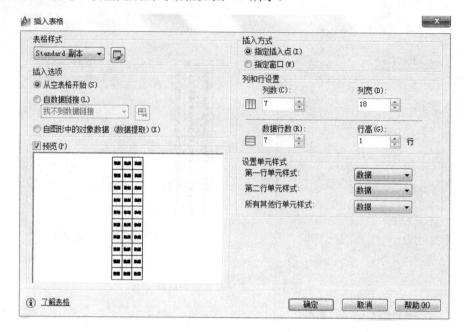

图 4-7　"插入表格"对话框的设置

①　在"表格样式"下拉列表框中将"Standard 副本"作为当前表格样式，插入方式采用系统默认的"指定插入点"。

②　在"列和行设置"选项组中，将"列数"设置为 7，"列宽"设置为 18，"数据行数"设置为 7，"行高"采用默认值 1。

③　在"设置单元样式"选项组中，将"第一行单元样式"、"第二行单元样式"的"标题"和"表头"均设置为"数据"，"所有其他行单元数据"采用默认设置"数据"。

④　单击"确定"按钮，系统返回到绘图区，单击插入点后，系统同时弹出带有 1~9 行编号和 A~G 列编号的表格和"文字格式"对话框。

⑤　单击"确定"按钮，关闭"文字格式"对话框后，创建的表格如图 4-8 所示。

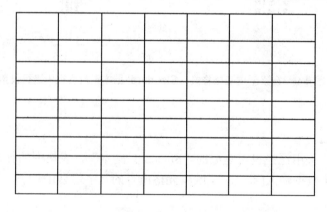

图 4-8　创建的表格

(3) 选项说明。

① 表格中的标题行和表头行并不属于数据行，因此图 4-8 中表格的实际数据行数应为 7 行(9 行－2 行)。

② 单元格的默认行高为 1 行，表示表格中输入的数据全部是单行。

③ 由图 4-8 可以看出，由于第一行和第二行是标题行和表头行改成的数据行，因此其实际行高大于数据行的行高，可通过表格的编辑加以调整。

4.2.2　表格的编辑

下面根据图 4-9 所示的明细栏和标题栏(9 行 7 列，"螺旋支顶"和"(校名)"的文字高度分别为 5 和 4，其他文字高度为 3.5)，具体说明表格的编辑方法和步骤。

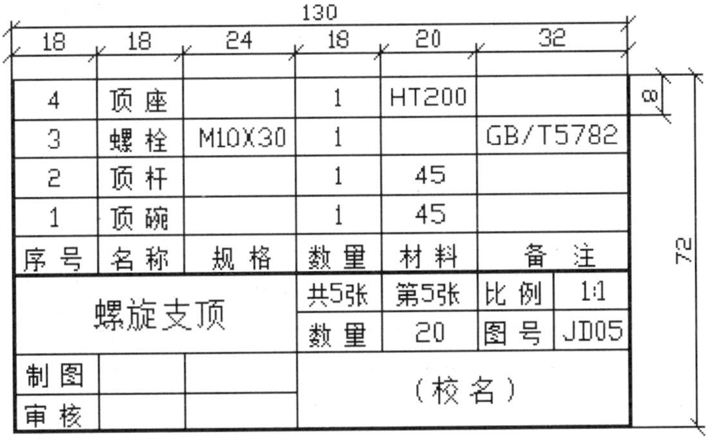

图 4-9　表格的编辑方法和步骤

1. 编辑表格尺寸

(1) 单击表格第一行第三列单元格的空白处，系统弹出"表格"工具栏，同时单元格的边框四周出现夹点。选中夹点、拖动后单击，可自由调整单元格的行高和列宽。

(2) 单击标准工具栏中的"特性"按钮，在系统弹出的"特性"选项板"单元"选项卡中将"单元宽度"设置为 24，"单元高度"设置为 8，如图 4-10 所示。

(3) 将表格第五列的列宽调整为 20，第六列和第七列的列宽调整为 16，所有行的行高调整为 8，如图 4-11 所示。

2. 合并单元格

(1) 拖动选中第六行、第一列至第七行、第三列的单元格(两行三列)，单击"表格"工具栏中的"合并单元"按钮，选择"全部"选项合并单元格，如图 4-12 所示。

(2) 合并第八行、第四列至第九行、第七列的单元格(两行四列)，"按行"合并第一行、第六列至第五行、第七列的单元格(五行两列)，如图 4-13 所示。

(3) 单元格合并后，按 Esc 键，或在绘图区单击退出"表格"工具栏。工具栏中的"删除行(列)"、"背景填充"、"对齐"等功能请用户自行练习，此处不再赘述。

图 4-10　单元格尺寸的编辑

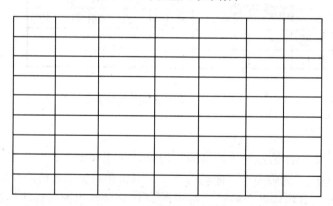

图 4-11　表格尺寸的编辑

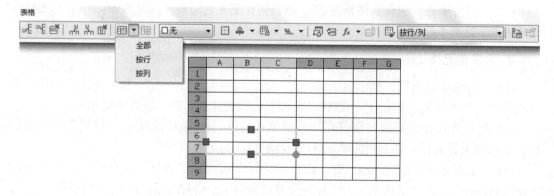

图 4-12　单元格的合并(一)

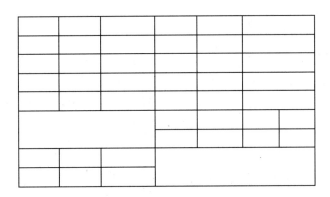

图 4-13   单元格的合并(二)

4.2.3   表格的文字输入

双击表格中需要输入文字的单元格，系统弹出"文字格式"对话框。输入文字"螺旋支顶"并将字高改为 5，完成文字的输入(即数据输入)，如图 4-14 所示。

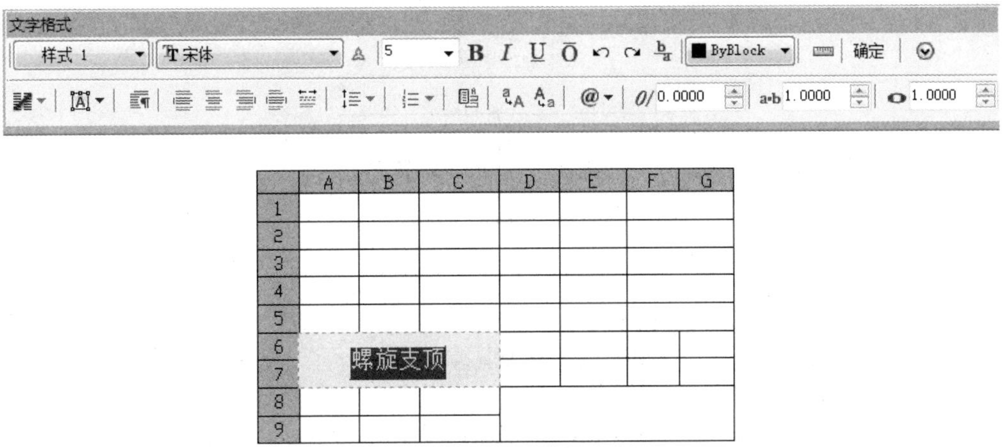

图 4-14   单元格的文字输入

同理，利用键盘上的方向键依次输入其他文字("(校名)"，字高 4)，如图 4-15 所示。

4	顶座		1	HT200			
3	螺栓	M10X30	1			GB/T5782	
2	顶杆		1	45			
1	顶碗		1	45			
序 号	名 称	规 格	数量	材 料	备 注		
螺旋支顶			共5张	第5张	比 例	1:1	
			数 量	20	图 号	JD05	
制 图			(校名)				
审 核							

图 4-15   表格的文字输入

4.2.4 边框线宽的调整

(1) 拖动选中第五行第一列至第七列的单元格(一行七列)，在系统弹出的"表格"工具栏中单击"单元边框"按钮 ⊞，系统弹出"单元边框特性"对话框。

(2) 将"边框特性"选项组的"线宽"设置为"0.50 mm"，如图 4-16 所示。单击"底部边框"和"确定"按钮后完成单元格线宽的调整，如图 4-17 所示。

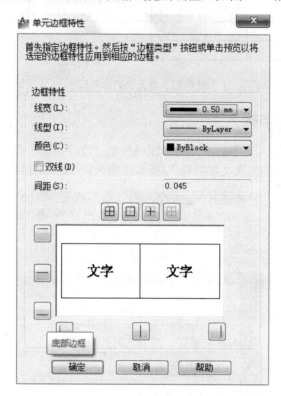

图 4-16 "单元边框特性"对话框的设置

4	顶 座		1	HT200		
3	螺栓	M10X30	1		GB/T5782	
2	顶杆		1	45		
1	顶碗		1	45		
序 号	名称	规 格	数量	材 料	备 注	
螺旋支顶			共5张	第5张	比例	1:1
			数 量	20	图 号	JD05
制 图			（校 名）			
审 核						

图 4-17 单元格边框线宽的调整

(3) 将表格线宽继续调整为如图 4-18 所示，定义为公共图块后，以文件名"明细栏和标题栏"保存于 D 盘中的"资源库"文件夹。

4	顶座		1	HT200	
3	螺栓	M10X30	1		GB/T5782
2	顶杆		1	45	
1	顶碗		1	45	
序号	名称	规格	数量	材料	备注

螺旋支顶	共5张	第5张	比例	1:1
	数量	20	图号	JD05

制图		
审核		(校名)

图 4-18　表格边框线宽的调整

4.3　装配图的绘制方法和步骤

4.3.1　装配图的内容

一组视图：根据装配体的具体结构选用适当的表达方法，用一组视图表达装配体的工作原理、装配关系、零件的相互位置以及主要零件的结构形状。

必要尺寸：在装配图中标注反映装配体规格、装配、安装、外形所需的尺寸，同时标注设计过程中经过计算确定的尺寸以及反映零件运动极限的重要尺寸。

技术要求：在装配图中用文字或规定的国标代号、标注方法注写装配体在装配、检验以及使用、维修等方面的具体要求。

序号、明细栏、标题栏：根据国家技术标准绘制明细栏，按规定格式和要求对零件编号，填写零件的序号、名称、数量、材料和备注项，并在标题栏中填写装配体的名称、比例、数量、设计者等基本信息。

4.3.2　绘制方法和步骤(案例精解)

由于装配图必须反映装配体中各个零件的基本特征和相互位置，因此装配图的绘制过程就是机械设计的过程。使用 AutoCAD 2012 绘制装配图主要有两种方法。

(1) 直接绘制法：根据手工绘制的零件图(或零件草图)直接绘制装配图。

(2) 间接绘制法：先将手工绘制的零件图(或零件草图)绘制成 CAD 零件图，定义为公共图块后建立零件图库，然后采用插入组装的方式绘制装配图。

虽然装配图的绘制过程比较复杂，但 AutoCAD 2012 绘图软件为用户提供了很多简化作图的方法，如将标准件定义为块反复使用、将不同零件置于不同图层以避免重复绘制零件图等。总之，装配图的绘制过程是对已学 CAD 知识和技能的综合应用过程。

【例 4-1】绘制装配图

综合运用各种命令和设置，采用直接绘制法绘制如图 4-19 所示的螺旋支顶装配图。

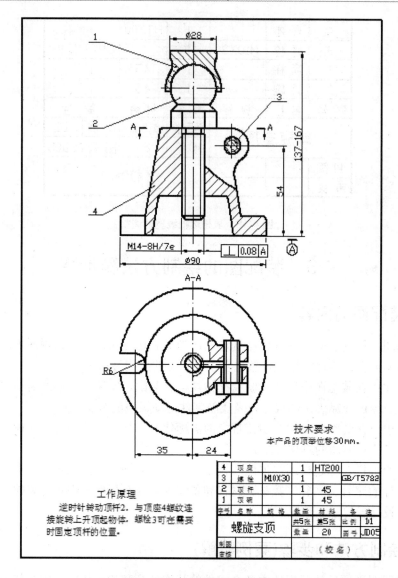

图 4-19　螺旋支顶装配图

步骤 1　熟悉装配体

螺旋支顶是顶举较轻物体的简易装置，其最大顶举位移 30mm，由顶座 4、顶杆 2、顶碗 1 和螺栓 3 组成，其装配示意图如图 4-20 所示，零件组图如图 4-21 所示。

工作原理：逆时针转动顶杆 2，通过与顶座 4 的普通螺纹连接旋转上升顶起物体。顶碗 1 保护顶杆头部且便于互换，螺栓 3(GB/T5782-2000)起到固定顶杆位置的作用。

步骤 2　分析视图

主视图采用单一全剖视图表达装配体的工作原理和零件之间的装配关系，俯视图采用沿顶杆 2 和顶座 4 的结合面剖切的方式表达装配体的顶部外形，同时采用局部剖视图表达螺栓 3 和顶座 4 的工作情况。

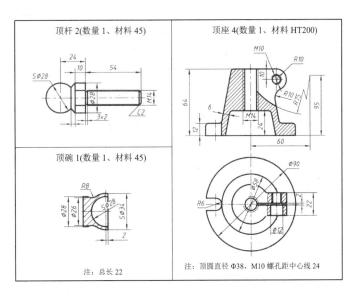

图 4-21　零件组图

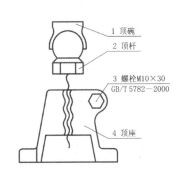

图 4-20　装配示意图

步骤 3　设置图层

按零件序号为每个零件设置两个基本图层(如 4a、4b)。同一零件采用相同颜色、不同零件采用不同颜色以便区分。将所有 a 层设为常开图层，b 层设为常闭图层。

现以螺旋支顶中顶座 4 的图层设置为例:

4a 层绘制粗实线，线型 Continuous，线宽 0.50 mm，红色。

4a-1 层绘制细实线，线型 Continuous，线宽默认，红色。

4a-2 层绘制点画线，线型 ACAD_ISO04W100，线宽默认，红色。

4b 层标注尺寸和技术要求、填写标题栏，线型 Continuous，线宽默认，青色。

注:4b 层的图形元素或文字信息并不在装配图中显示，故颜色可与 4a 层不同。

步骤 4　绘制顶座 4

(1) 选择 4a 层、运用"矩形"命令、采用相对直角坐标(@297,420)绘制装配图框。

(2) 分别将 4a 层、4a-1 层、4a-2 层置为当前图层，按图 4-21 所示的零件图绘制顶座 4 的主、俯视图，如图 4-22 所示。

注:绘图时只要画出顶座 4 在装配图中需要表达的视图即可。

(3) 打开 4b 层并置为当前图层，参照 4a 层上的视图位置绘制其他视图(根据需要)、标注尺寸和技术要求，调出图框后填写标题栏，绘制完成后将该层冻结关闭。

注:该步骤的操作可在装配图全部绘制完成后进行。

(4) 设置 a、b 层的目的。

① 打开 4a 层、关闭 4b 层，则可以 4a 层上顶座 4 的视图为基

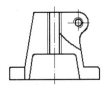

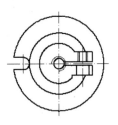

图 4-22　绘制顶座 4

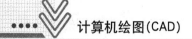

准，在其他图层上绘制与之装配的零件视图，如在 2a 层上绘制顶杆 2 的视图。

② 打开全部 a 层，关闭全部 b 层，插入已经定义的图块(螺栓、明细栏、标题栏)，补充必要的绘图内容(尺寸、技术要求、序号等)，则可得到完整的螺旋支顶装配图。

③ 打开 4a 层、4b 层，关闭其他图层，则可输出一张完整的顶座 4 零件图。

④ 由于绘制装配图后即可绘制零件图(也可同步)，因此可以准确把握零件的形状特征和结构大小，在提高绘图效率的同时保证零件表达的正确、完整、清晰、合理。

步骤 5   绘制其他零件

参照上述绘图方法和图层设置，以顶座 4 在 4a 层上的视图为基准，分别在 2a 层和 1a 层上拼画顶杆 2 和顶碗 1 在主视图上的投影，如图 4-23 所示。

必须注意的是，国家技术标准规定，内螺纹和外螺纹的旋合部分应按外螺纹的画法绘制，如图 4-23 所示的顶杆 2 和顶座 4 的螺纹连接就体现了这一原则。

步骤 6   插入"螺栓"图块，绘制剖面线

运用"对象捕捉"命令插入 D 盘"资源库"文件夹中的"螺栓"图块，逆时针旋转 90°后整理图线，并根据视图表达标注剖视图、绘制剖面线，如图 4-24 所示。

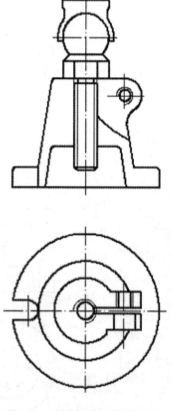

图 4-23   绘制顶杆 2 和顶碗 1

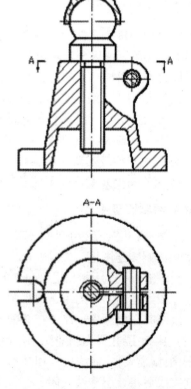

图 4-24   插入螺栓，绘制剖面线

步骤 7　标注尺寸和技术要求，编写序号，插入"明细栏和标题栏"

(1) 标注螺旋支顶的规格尺寸 137~167，配合尺寸 M14-8H/7e，安装尺寸 35，外形尺寸 ϕ90，其他重要尺寸 ϕ28、35、24、54。

(2) 标注顶杆 2 的轴线相对于底面的垂直度公差，文字输入工作原理和技术要求。

(3) 编写序号，插入 D 盘"资源库"文件夹中的"明细栏和标题栏"图块。绘制完成的螺旋支顶装配图如图 4-19 所示。

4.4　知识点梳理和回顾

装配图的主要作用是表达装配体的工作原理、装配关系、结构形状和技术要求，指导装配体的装配、检验、调试、维修等，是工程界进行技术交流的重要技术文件。

装配图由视图、尺寸、技术要求、序号、明细栏、标题栏等组成，其中最重要的是反映装配体工作原理和零件装配关系的一组视图。

本项目主要介绍了装配图绘制时图块的定义和插入、表格的创建和编辑、装配图的绘制方法和步骤，为装配体的设计和出图提供必要的技术手段。

4.4.1　图块的定义

所谓"块"是指将若干图形元素组合成一个单一对象。图块可分为专用图块和公共图块两种(又称内外块)。通常将常用图形或符号定义为通用性更广的公共图块。

1. 图块的定义

(1) 专用图块。

单击"绘图"工具栏的"创建块"按钮 ，在系统弹出的"块定义"对话框中进行"名称"、"对象"、"基点"、"说明"等选项的设置。

(2) 公共图块。

在命令行中输入"WBLOCK"(或"W"，表示"写块")，在系统弹出的"写块"对话框中进行有关"源"、"目标"等选项的设置。

2. 图块的插入

单击"绘图"工具栏中的"插入块"按钮 ，在系统弹出的"插入"对话框中进行"名称"、"插入点"、"比例"、"旋转"等选项的设置。

必须注意的是，图块插入时是一个整体，可执行复制、镜像、移动等操作，但不能直接编辑构成图块的元素，只有将其分解后才能对单个对象进行编辑。

4.4.2　表格的创建

表格是在行和列中包含数据的复合对象(图块)。在使用创建表格命令前，可先设置表格的样式以控制表格的基本形状和文字属性。

1. 设置表格样式

选择菜单栏中的"格式"→"表格样式"命令,在系统弹出的"表格样式"对话框中进行"对齐"、"文本"、"边框"等选项的设置。

2. 创建表格

单击"绘图"工具栏中的"表格"按钮▦,在系统弹出的"插入表格"对话框中进行"指定插入点"、"列和行设置"、"设置单元样式"等选项的设置。

3. 编辑表格

(1) 编辑表格尺寸。

单击单元格的空白处和标准工具栏中的"特性"按钮▣,在系统弹出的"特性"选项板中进行有关"单元宽度"、"单元高度"等选项的设置。

选中单元格四周的夹点、拖动后单击,可自由调整单元格的行高和列宽。

(2) 合并单元格。

拖动选中需要合并的单元格,在系统弹出的"表格"工具栏中单击"合并单元"按钮▦,选择"全部"选项后即可合并单元格。

(3) 调整边框线宽。

拖动选中需要调整边框的单元格,单击"表格"工具栏中的"单元边框"按钮▦,在系统弹出的"单元边框特性"对话框中进行有关"线宽"和"边框位置"等选项的设置。

4. 表格的文字输入

双击需要输入文字的单元格,在系统弹出的"文字格式"对话框中输入文字,同时对文字的字高、样式等进行设置,必要时可将创建后的表格定义为公共图块。

4.4.3 装配图的绘制

使用 AutoCAD 2012 绘图软件绘制装配图时,常根据手工绘制的零件图(或零件草图)直接绘制。装配图的绘制过程是对 CAD 知识的综合应用过程,同时也是机械设计过程。

1. 了解装配体

根据立体模型、相关介绍、零件构成、装配示意图了解、熟悉装配体的具体用途、工作原理、装配关系以及每个零件的属性、作用、位置、结构特点。

2. 视图表达方案

装配图的视图表达方案必须充分反映装配体的工作原理和零件的装配关系,同时注意装配图绘制过程中的规定画法和特殊画法。

(1) 规定画法。

相邻零件的接触面或配合面只画一条轮廓线;剖面线尽量采用不同的方向和间隔;实

心零件纵向剖切时不画剖面线。

(2) 特殊画法。

装配图的特殊画法包括简化画法、假想画法、单独画法、拆卸画法，此处不再赘述。

3. 设置图层

(1) 按零件序号为每个零件设置两个基本图层(如 4a 层、4b 层)。同一零件采用相同颜色、不同零件采用不同颜色，以便区分。

(2) 将所有的 a 层设为常开图层(画零件视图)，b 层设为常闭图层(标注零件的尺寸、技术要求，填写标题栏)。设置 a、b 层的目的如下所述。

(3) 打开 a 层、关闭 b 层，则可用 a 层上的视图作为基准，在其他图层上绘制与之装配的零件视图。

(4) 打开全部 a 层，关闭全部 b 层，补充视图(或插入图块)和其他绘图内容(尺寸、技术要求、序号等)，则可得到一张完整的装配图。

(5) 打开 4a 层、4b 层，关闭其他图层，则可输出一张完整的零件图。

由于绘制装配图后即可绘制零件图(也可同步)，因此可以准确把握零件的形状特征和结构大小，在提高绘图效率的同时，能够保证零件表达得正确、完整、清晰、合理。

4. 绘制方法和步骤

(1) 绘制主体零件。

首先根据装配体的结构特点和视图表达方案绘制基础体(如螺旋支顶的顶座)或重要零件(如减速器中的齿轮轴)在装配图中需要表达的视图。

(2) 绘制其他零件。

以主体零件在装配图中的视图为基准、根据装配关系依次绘制其他零件在装配图中的投影，绘图过程中必须注意国家技术标准的运用和图块的插入。

(3) 绘制剖面线，标注尺寸和技术要求。

视图完成后即可根据国标规定绘制剖面线，然后标注装配体的规格、配合、安装、外形等必要的尺寸以及极限与配合、位置公差、调试、使用、密封等方面的技术要求。

(4) 编写序号，填写明细栏和标题栏。

按逆时针(或顺时针)为每个(种)零件编写与明细栏中的零件相对应的序号，然后由下往上填写反映零件名称、数量、材料、规格等信息的明细栏，最后填写反映装配体名称、数量、比例、图号、设计者等信息的标题栏。

4.5　项　目　练　习

4.5.1　工作原理

螺旋式千斤顶是利用螺旋传动顶举重物的部件，其工作原理是：逆时针转动穿过螺杆头部的旋转杆 6，螺杆通过螺母中的锯齿形螺纹旋转上升顶起重物。螺旋式千斤顶的最大顶举高度是 50mm， 最大顶举重量为 1t。

4.5.2　结构分析

螺母 2 与底座 1 采用过渡配合(ϕ65H8/n7)，并用两个紧定螺钉 7(GB/T 75 M10×16)固定，螺杆 3 与螺母采用锯齿形螺纹传动(B50×8-8H/7e)。

螺杆的底部与挡圈 9 用沉头螺钉 8(GB/T 68 M8×16)连接，起到安全、限位作用。在螺杆的球形顶部(SR40)上套一个顶垫 4，直接与重物接触，起到保护螺杆顶部的作用。为防止顶垫脱落，在螺杆顶部加工一环形槽，用两个紧定螺钉 5(GB/T 71 M6×16)锁定。

提示：沉头螺钉和紧定螺钉绘制完成后可定义为公共图块。

4.5.3　装配关系

螺旋式千斤顶的装配关系是：底座 1→螺母 2→紧定螺钉 7→螺杆 3→挡圈 9→沉头螺钉 8→顶垫 4→紧定螺钉 5→旋转杆 6。

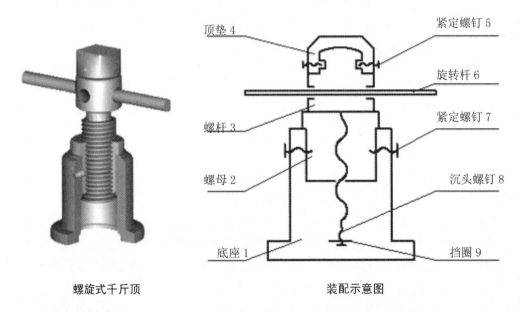

螺旋式千斤顶　　　　　　　　　　　装配示意图

4.5.4　零件组图

螺旋式千斤顶由 6 个非标零件组成，分别是底座 1、螺母 2、螺杆 3、顶垫 4、挡圈 9 和旋转杆 6，其零件组图如下所示。

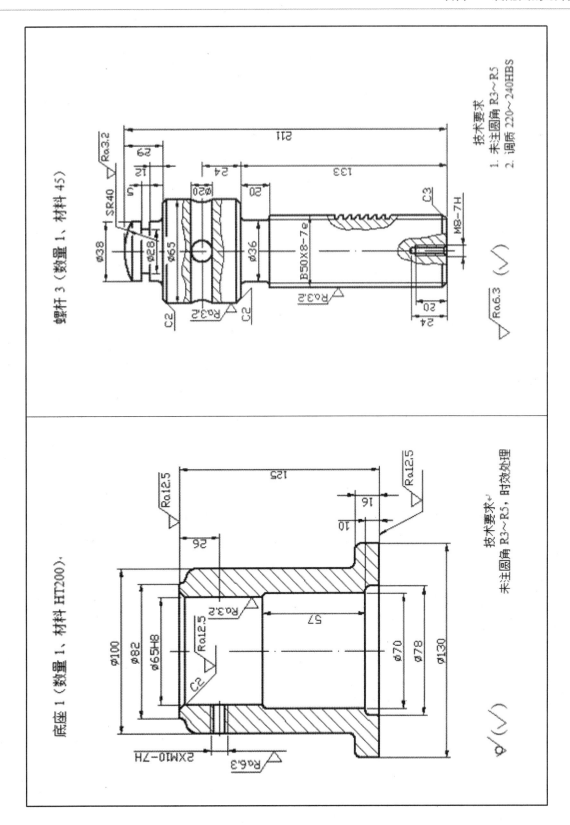

螺杆 3（数量 1、材料 45）

技术要求
1. 未注圆角 R3～R5
2. 调质 220～240HBS

$\sqrt{Ra6.3}$ ($\sqrt{}$)

底座 1（数量 1、材料 HT200）。

技术要求↵
未注圆角 R3～R5、时效处理

$\sqrt{}$ ($\sqrt{}$)

项目 5　基本形体的三维建模

项目简介

工程制图中通常采用二维图形来描述三维实体，但由于三维图形具有逼真的立体效果，以及通过三维图形可以得到透视图或平面效果图，所以三维图形的应用也越来越广泛。AutoCAD 绘图软件可对零件或产品造型进行三维建模或设计，在虚拟制造技术、仿真技术、数控加工等方面都需以此作为设计或加工的基础。

学习要点

本项目主要学习 AutoCAD 三维坐标系的建立、基本体的创建、基本形体的三维建模，为典型零件的三维建模创造良好的技术条件。

知识目标

(1) 能正确、熟练地设立用户坐标系(UCS)、创建实体模型、确定默认平面。
(2) 能熟练运用长方体、圆柱体、布尔运算等绘图、编辑命令绘制三维实体。

5.1　三维坐标系的建立

5.1.1　世界坐标系

世界坐标系(WCS)又称通用坐标系或绝对坐标系，其原点和各个坐标轴的方向固定不变。三维状态下，世界坐标系默认的 XY 坐标平面处于水平面位置。

三维绘图通常是在三维坐标系(包括世界坐标系、用户坐标系)下进行的，点的坐标为(x, y, z)。对于三维坐标系的存在状态，世界坐标系在六个二维视图中只显示 X、Y 两个坐标轴，即默认当前视图平面为二维的 XY 平面，而在轴测图中才显示 X、Y、Z 三维坐标系。显示三维坐标系的方法主要有两种。

(1) 选择菜单栏中的"视图"→"三维视图"→"西南等轴测"(或"东南等轴测"、"东北等轴测"、"西北等轴测")命令。

(2) 单击如图 5-1 所示的"视图"工具栏中的"西南等轴测"按钮◇(或◇◇◇)。

图 5-1　"视图"工具栏

1. 命令输入

建立世界坐标系的方法主要有两种：选择菜单栏中的"工具"→"新建 UCS"→"世界"命令；单击如图 5-2 所示的 UCS 工具栏中的"世界"按钮。

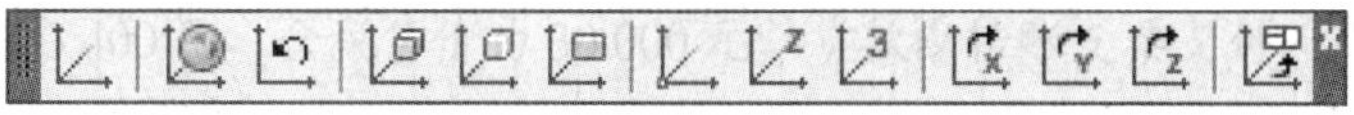

图 5-2　UCS 工具栏

2. 空间点位置的确定

在三维空间绘制三维实体时，需指定 X、Y、Z 轴的坐标值才能确定空间点的位置，一般以输入直角坐标的方式实现。三维点坐标的输入方式与二维点坐标基本相同，只须增加一个 Z 向坐标值即可，同时根据坐标轴的指向确定坐标值的正负号。

(1) 绝对坐标：根据命令行的提示输入点的坐标，以表示该点与原点之间的距离。

绘图时可直接输入 x、y、z 三个坐标值，坐标值之间用逗号隔开。如点 A(30, 60, 80) 表示该点的 x、y、z 坐标值相对于原点的距离分别为 30、60、80，如图 5-3(a)所示。

(2) 相对坐标：根据命令行的提示输入点的坐标以表示该点相对于前一点的距离。

绘图时可直接输入当前点在 X、Y、Z 轴方向上的增量值，并在输入值前添加相对坐标符号"@"。如点 B(@ 30, 60, 80)表示该点相对于前一点(如点 A)的 x、y、z 坐标值的增量分别为 30、60、80，如图 5-3(b)所示。

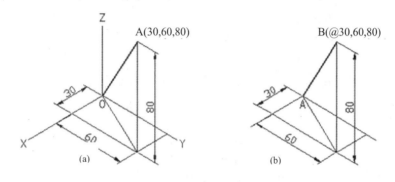

图 5-3　空间点的坐标输入

5.1.2　用户坐标系

为便于在形体的不同表面上创建模型，自定义当前绘图面，AutoCAD 允许用户根据自己的需要设置三维坐标系，即用户坐标系(UCS)。

在三维绘图中，由于系统在运用三维绘图命令(包括二维命令)时有其默认的状态和 XY 坐标平面，因此设置和变换三维坐标系是一个非常重要的环节，建立用户坐标系(UCS)的实质就是三个坐标轴方向的转换和坐标系位置的确定。

1. 坐标轴方向的转换

(1) 新建 UCS。

新建 UCS 的方法主要有两种：选择菜单栏中的"工具"→"新建 UCS"→"X"(或 "Y"、"Z")命令；单击工具栏中的 X 按钮 ⌐⌐ (或 ⌐⌐ ⌐⌐)。

为确定坐标轴转动时旋转角度(0°~360°，一般为正交转动)的正负号，通常可用图 5-4(a) 所示的"右手法则"，具体方法是：右手"握住"选定的基准坐标轴，大拇指代表基准轴

(基准轴根据单击的 X、Y、Z 按钮确定)的正向，四指弯曲的方向代表另两根轴的旋转方向。若四指与另两根轴的旋转方向相同，则旋转角度为正值；反之为负旋转方向，旋转角度为负值。坐标轴方向转换应用示例如图 5-4 所示。

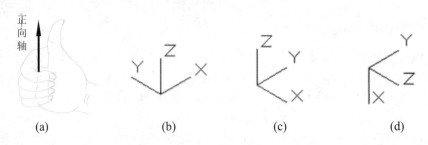

图 5-4　坐标轴方向的转换

单击 UCS 工具栏中的 Z 按钮，此时命令行提示：

指定绕 Z 轴的旋转角度<90>：**-90** 按回车键，坐标轴方向由图 5-4(b)→图 5-4(c)

单击 UCS 工具栏中的 Y 按钮，此时命令行提示：

指定绕 Y 轴的旋转角度<90>：按回车键，坐标轴方向由图 5-4(c)→图 5-4(d)，完成转换

(2) 正交 UCS。

正交 UCS 的设置可通过 UCS Ⅱ 工具栏的下拉列表框进行，如图 5-5 所示。"正交 UCS"命令与"新建 UCS"命令的区别是，前者的 XY 坐标平面只能在 6 个基本视图投影方向上转换(即"正交"变换)，而后者的坐标轴方向可以任意变化。

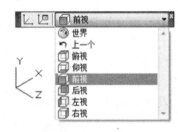

图 5-5　UCS Ⅱ 工具栏

2. 坐标系位置的确定

"新建 UCS"命令与"正交 UCS"命令只能改变坐标轴的方向，并不能改变坐标系的位置。当轴测图中各个实体的绘制、编辑位置不同时，就必须采用"移动 UCS"命令，而移动后的 UCS 原点位置为(0, 0, 0)。

(1) 移动 UCS。

移动 UCS 可通过单击 UCS 工具栏中的"原点"按钮进行。必须注意的是，为方便、快捷、正确地绘制三维实体，常交替使用 UCS 工具栏中的 X、Y、Z 按钮和"原点"按钮改变坐标系的方向和位置。

(2) 恢复世界坐标系。

恢复世界坐标系的方法主要有两种：选择菜单栏中的"工具"→"新建 UCS"→"世界"命令；单击 UCS 工具栏中的"世界"按钮。

(3) 恢复二维坐标系。

如果在轴测窗口中绘制平面图形，就要将三维坐标系转换为二维坐标系，如图 5-6 所示，轴测文字和平面文字的转换与此同理。

恢复二维坐标系的方法主要有两种：选择菜单栏中的"工具"→"新建 UCS"→"视图"命令；单击工具栏中的"视图"按钮 。

图 5-6　三维坐标系和二维坐标系的转换

5.2　基本体的创建

基本体是工程零件中最原始的形体单元。根据各组成表面形状的不同，基本体又可分为平面体和曲面体两种。平面体指的是立体表面全部由平面组成，如棱柱和棱锥；曲面体指的是立体表面全部由曲面或平面加曲面组成，如圆柱、圆锥、圆球和圆环。

5.2.1　基本体的创建

AutoCAD 2012 绘图软件默认的基本体共有 8 种，分别是多段体、长方体、楔体、圆锥体、圆柱体、球体、圆环体、棱锥体，其中常用的是长方体、楔体、圆柱体。绘制基本体所需的"建模"工具栏如图 5-7 所示。

图 5-7　"建模"工具栏

1. 创建多段体

(1) 命令输入。

执行"多段体"命令的方法有以下几种。

- 在菜单栏中选择"绘图"→"建模"→"多段体"命令。
- 在工具栏中单击"多段体"按钮 。
- 在命令行中输入"POLYSOLID"。

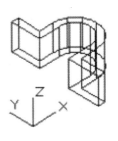

(2) 操作格式。

指定起点或[对象(O)/高度(H)/宽度(W)/对正(J)]<对象>：

指定下一个点或[圆弧(A)/放弃(U)]：

指定下一个点或[圆弧(A)/闭合(C)/放弃(U)]：

(3) 选项说明。

输入 H：对应 Z 向坐标值。输入 W：对应 X、Y 向坐标值。输入 A：绘制弧形多段体。

2. 创建长方体

(1) 命令输入。

执行"长方体"命令的方法有以下几种。

- 在菜单栏中选择"绘图"→"建模"→"长方体"命令。
- 在工具栏中单击"长方体"按钮▢。
- 在命令行中输入"BOX"。

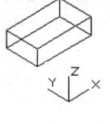

(2) 操作格式。

指定第一个角点或[中心(C)]:

指定其他角点或[立方体(C)/长度(L)]:

指定高度或[两点(2P)]:

(3) 选项说明。

输入 C: 绘制正方体。输入 L: 分别输入与 X、Y、Z 轴的正向相对应的长、宽、高度值, 其中的 Z 向高度值可为负值(下同)。

3. 创建楔体

(1) 命令输入。

执行"楔体"命令的方法有以下几种。

- 在菜单栏中选择"绘图"→"建模"→"楔体"命令。
- 在工具栏中单击"楔体"按钮◺。
- 在命令行中输入"WEDGE"。

(2) 操作格式。

指定第一个角点或[中心(C)]:

指定其他角点或[立方体(C)/长度(L)]:

指定高度或[两点(2P)]:

(3) 选项说明。

输入 C: 绘制长、宽、高相等的楔体。输入 L: 分别输入与 X、Y、Z 轴的正向相对应的长、宽、高度值, 此时斜面的倾斜方向与 X 轴的正向相同。

4. 创建圆锥体

(1) 命令输入。

执行"圆锥体"命令的方法有以下几种。

- 在菜单栏中选择"绘图"→"建模"→"圆锥体"命令。
- 在工具栏中单击"圆锥体"按钮△。
- 在命令行中输入"CONE"。

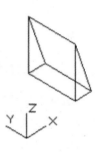

(2) 操作格式。

指定底面的中心点或[三点(3P)/两点(2P)/切点、切点、半径(T)/椭圆(E)]:

指定底面半径或[直径(D)]:

指定高度或[两点(2P)/轴端点(A)/顶面半径(T)]:

(3) 选项说明。

输入 A: 确定圆锥体顶点的位置。输入 T(顶面半径): 绘制圆台体。

5. 创建球体

(1) 命令输入。

执行"球体"命令的方法有以下几种。

- 在菜单栏中选择"绘图"→"建模"→"球体"命令。
- 在工具栏中单击"球体"按钮 。
- 在命令行中输入"SPHERE"。

(2) 操作格式。

指定中心点或[三点(3P/两点(2P)/切点、切点、半径(T)]:

指定半径或[直径(D)]:

(3) 选项说明。

输入 3P：通过三点绘制球体。输入 2P：通过两点绘制球体。输入 T：通过两个切点和半径值绘制球体。

6. 创建圆柱体

(1) 命令输入。

执行"圆柱体"命令的方法有以下几种。

- 在菜单栏中选择"绘图"→"建模"→"圆柱体"命令。
- 在工具栏中单击"圆柱体"按钮 。
- 在命令行中输入"CYLINDER"。

(2) 操作格式。

指定底面的中心点或[三点(3P)/两点(2P)/切点、切点、半径(T)/椭圆(E)]:

指定底面半径或[直径(D)]:

指定高度或[两点(2P)/轴端点(A)]:

(3) 选项说明。

输入 A：确定圆柱体顶面中心点的位置。

7. 创建圆环体

(1) 命令输入。

执行"圆环体"命令的方法有以下几种。

- 在菜单栏中选择"绘图"→"建模"→"圆环体"命令。
- 在工具栏中单击"圆环体"按钮 。
- 在命令行中输入"TORUS"。

(2) 操作格式。

指定中心点或[三点(3P)/两点(2P)/切点、切点、半径(T)]:

指定半径或[直径(D)]:

指定圆管半径或[两点(2P)/直径(D)]:

(3) 选项说明。

"半径"是指圆环体中径的一半，"圆管半径"是指圆环体的断面半径。

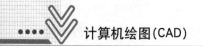
8. 创建棱锥体

(1) 命令输入。

执行"棱锥体"命令的方法有以下几种。

- 在菜单栏中选择"绘图"→"建模"→"棱锥体"命令。
- 在工具栏中单击"棱锥体"按钮。
- 在命令行中输入"PYRAMID"。

(2) 操作格式。

指定底面的中心点或[边(E)/侧面(S)]:

指定底面半径或[内接(I)]:

指定高度或[两点(2P)/轴端点(A)/顶面半径(T)]:

(3) 选项说明。

输入 E：确定底边长度。输入 S：确定底边数目。输入 T：绘制棱台体。输入 A：确定棱锥体顶点的位置。

5.2.2 常用基本体的绘制

1. 绘制过程

现以图 5-8 所示的长方体、楔体、圆柱体为例，具体说明常用基本体的绘制过程。

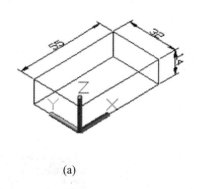

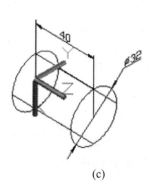

(a)　　　　　　　　　(b)　　　　　　　　　(c)

图 5-8　常用基本体的绘制

(1) 单击 UCS 工具栏中的"世界"按钮，用户坐标系如图 5-8(a)所示。

(2) 单击"建模"工具栏中的"长方体"按钮，此时命令行提示：

指定第一个角点或[中心(C)]：**0, 0, 0** 按回车键

指定其他角点或[立方体(C)/长度(L)]：**55, 32** 按回车键

指定高度或[两点(2P)]：**14** 按回车键，完成长方体的绘制，如图 5-8(a)所示

(3) 单击 UCS 工具栏中的 Z 按钮，此时命令行提示：

指定绕 Z 轴的旋转角度<90>：**−90** 按回车键，UCS 坐标轴方向如图 5-8(b)所示

(4) 单击"建模"工具栏中的"楔体"按钮，此时命令行提示：

指定第一个角点或[中心(C)]：**0, 0, 0** 按回车键

指定其他角点或[立方体(C)/长度(L)]：**32, 14** 按回车键

指定高度或[两点(2P)]<14.0000>：**55** 按回车键，完成楔体的绘制，如图 5-8(b)所示

(5) 单击 UCS 工具栏中的 Y 按钮 ，此时命令行提示：

指定绕 Y 轴的旋转角度<90>：按回车键，UCS 坐标轴方向如图 5-8(c)所示

(6) 单击"建模"工具栏中的"圆柱体"按钮 ，此时命令行提示：

指定底面的中心点或[三点(3P)/两点(2P)/切点、切点、半径(T)/椭圆(E)]：**0, 0, 0** 按回车键

指定底面半径或[直径(D)]：**16** 按回车键

指定高度或[两点(2P)/轴端点(A)]<55.0000>：**40** 按回车键，完成圆柱体绘制，如图 5-8(c)所示

2. 注意事项

(1) 系统默认长方体、楔体、圆柱体的底面平行(或重合)于 XY 坐标平面，其位置可通过 UCS 工具栏中的 　 　 　 按钮或 UCS Ⅱ 工具栏中的下拉列表框调整。

(2) 系统默认长方体、楔体的长、宽、高度值分别对应于 X、Y、Z 轴的正向，圆柱体的高度值对应于 Z 轴的正向，如图 5-8 所示。

3. 线框密度

为增强圆柱体、圆锥体、球体、圆环体等回转类基本体在三维线框状态显示时的立体感，绘制前可先设定形成图形的线框密度，操作方法如下：

命令：**ISOLINES** 按回车键

输入 ISOLINES 的新值<4>：**16**(自定) 按回车键

调整线框密度前后的图形变化如图 5-9 所示。

(a) ISOLINES＝4　　　　　(b) ISOLINES＝16

图 5-9　线框密度对回转类基本体的影响

5.3　基本形体的建模方法和步骤

三维建模是机械零件造型设计中的重要组成部分，在现代虚拟制造、仿真技术、数控加工等方面的信息化应用和发展过程中具有很高的地位。

为方便三维建模，AutoCAD 2012 绘图软件为用户提供了多种绘图方法和命令，运用基本体结合布尔运算创建三维实体就是其中的一种。

5.3.1　布尔运算

基本体绘制完成后，可运用"布尔运算"进行"并集"、"差集"、"交集"运算，

常用的是"并集"、"差集"运算，所需的"实体编辑"工具栏如图5-10所示。

图5-10 "实体编辑"工具栏

1. "并集"运算

"并集"运算的原理是"求并"后保留两实体(或两个以上实体)中相交和不相交的部分，如图5-11所示。执行"并集"运算命令的方法有以下几种。

- 在菜单栏中选择"修改"→"实体编辑"→"并集"命令。
- 在工具栏中单击"并集"按钮⚭。
- 在命令行中输入"UNION"。

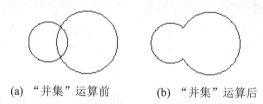

(a) "并集"运算前   (b) "并集"运算后

图5-11 "并集"运算

2. "差集"运算

"差集"运算的原理是"求差"后从一个(或多个)实体中裁掉与之相交(或不相交)的其他实体，如图5-12所示。执行"差集"运算命令的方法有以下几种。

- 在菜单栏中选择"修改"→"实体编辑"→"差集"命令。
- 在工具栏中单击"差集"按钮⚭。
- 在命令行中输入"SUBTRACT"。

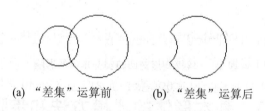

(a) "差集"运算前   (b) "差集"运算后

图5-12 "差集"运算

3. "交集"运算

"交集"运算的原理是"求交"后保留两实体(或两个以上实体)中相交的部分，如图5-13所示。执行"交集"运算命令的方法有以下几种。

- 在菜单栏中选择"修改"→"实体编辑"→"交集"命令。
- 在工具栏中单击"交集"按钮⚭。
- 在命令行中输入"INTERSECT"。

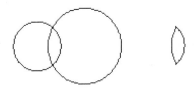

(a) "交集"运算前　　　(b) "交集"运算后

图 5-13　"交集"运算

4. 注意事项

(1) "并集"运算的实质就是做"加法"，类似于形体的"叠加"。由于"加法"的运算符号相同，因此选择实体时并无先后顺序之分，连续选中后一次"回车"即可。

(2) "差集"运算的实质就是做"减法"，类似于形体的"切割"。由于"减法"的运算符号各不相同，因此先选择要保留的实体，"回车"后继续选择要裁掉的实体，然后"回车"即可，即"差集"运算必须两次"回车"。

(3) 对实体进行"并集"或"差集"运算的顺序不同，则产生的结果也不同，因此基本体绘制完成后应及时进行"并集"或"差集"运算，否则容易发生运算错误。

如图 5-14 所示，绘制完成基本体后(图 a)，应先选择长方体和大圆柱进行"并集"运算，再与小圆柱进行"差集"运算，即得正确实体(图 b)。

如果是先选择大圆柱和小圆柱进行"差集"运算，再与长方体进行"并集"运算，则会产生错误实体(图 c)，其原因是违背了布尔运算原理。

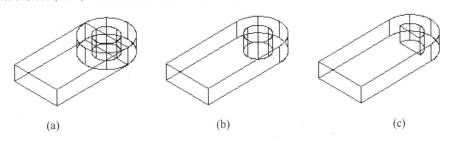

(a)　　　　　　　　　(b)　　　　　　　　　(c)

图 5-14　布尔运算时的顺序

5.3.2　建模方法和步骤(案例精解)

所谓基本形体，指的是以基本体为基础，对其进行一定的叠加、切割所得到的形体。基本形体是比较简单的三维实体，通常采用基本体结合布尔运算的方法予以创建。

现通过以下 3 个实例，具体说明 CAD 三维绘图中用户坐标系的使用、常用基本体的绘制方法、布尔运算、基本形体三维建模时的方法和步骤、绘图过程中的注意事项。

【例 5-1】绘制切割体

综合运用"长方体"和"楔体"命令、布尔运算、基本体的对齐方法绘制如图 5-15 所示的三维实体，绘制完成后以"西南等轴测◇"视点和"真实视觉样式●"显示。

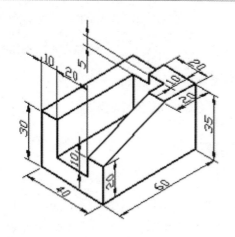

图 5-15   切割体的绘制

步骤 1   绘制基本轮廓

(1) 单击"视图"工具栏中的"西南等轴测"按钮 ◈，将二维绘图窗口设置为三维绘图状态，用户坐标系如图 5-16 所示。

(2) 单击"建模"工具栏中的"长方体"按钮 ▱，此时命令行提示：

指定第一个角点或[中心(C)]：单击绘图区合适位置

指定其他角点或[立方体(C)/长度(L)]：**@60, 40** 按回车键

指定高度或[两点(2P)]<40.0000>：**35** 按回车键，完成长方体Ⅰ的绘制，如图 5-16(a) 所示

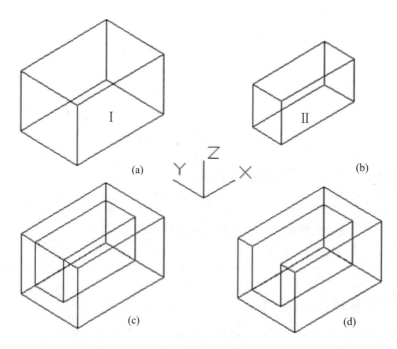

图 5-16   基本轮廓的绘制

(3) 单击"建模"工具栏中的"长方体"按钮 ▱，此时命令行提示：

指定第一个角点或[中心(C)]：单击绘图区的合适位置

指定其他角点或[立方体(C)/长度(L)]：**@50, 20** 按回车键

指定高度或[两点(2P)]<35.0000>：**25** 按回车键，完成长方体Ⅱ的绘制，如图 5-16(b) 所示

(4) 单击"修改"工具栏中的"移动"按钮 ✛，对象捕捉长方体Ⅱ左上轮廓线的中点后移至长方体Ⅰ左上轮廓线的中点，如图 5-16(c)所示。

(5) 单击"实体编辑"工具栏中的"差集"按钮 ◎，此时命令行提示：

选择对象：选择长方体Ⅰ

选择对象：按回车键

选择对象：选择长方体Ⅱ

选择对象：按回车键，完成切割体基本轮廓的绘制，如图 5-16(d)所示

步骤 2　绘制切口和斜面

(1) 单击"建模"工具栏中的"长方体"按钮 ▱，此时命令行提示：

指定第一个角点或[中心(C)]：单击绘图区合适位置

指定其他角点或[立方体(C)/长度(L)]：**@60, 20** 按回车键

指定高度或[两点(2P)]<25.0000>：**5** 按回车键，完成长方体Ⅲ的绘制，如图 5-17(a)所示

(2) 单击"建模"工具栏中的"楔体"按钮 ◣，此时命令行提示：

指定第一个角点或[中心(C)]：单击绘图区的合适位置

指定其他角点或[立方体(C)/长度(L)]：**@40, 10** 按回车键

指定高度或[两点(2P)]<5.0000>：**-15** 按回车键，完成楔体的绘制，如图 5-17(b)所示

(3) 单击"修改"工具栏中的"移动"按钮 ✛，对象捕捉长方体Ⅲ左后侧和楔体左前方的三维顶点，移至图 5-17(c)所示的位置。

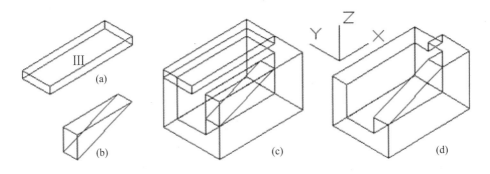

图 5-17　切口和斜面的绘制

(4) 单击"实体编辑"工具栏中的"差集"按钮 ◎，此时命令行提示：

选择对象：选择切割体的基本轮廓

选择对象：按回车键

选择对象：选择长方体Ⅲ

选择对象：选择楔体

选择对象：按回车键，完成切割体的绘制，如图 5-17(d)所示

步骤 3 实体显示，动态观察

(1) 单击如图 5-18 所示的"视觉样式"工具栏中的"真实视觉样式"按钮 ●，将切割体的模型显示由系统默认的二维线框转换为如图 5-19 所示的三维实体样式，同时通过"特性"工具栏中的"颜色控制"窗口调整实体的颜色。

图 5-18 "视觉样式"工具栏   图 5-19 切割体的实体显示(西南等轴测)

(2) 分别单击"视图"工具栏中的"东南等轴测"、"东北等轴测"、"西北等轴测"按钮 ◇ ◇ ◇，观察切割体在不同视点下的静态显示，如图 5-20 所示。

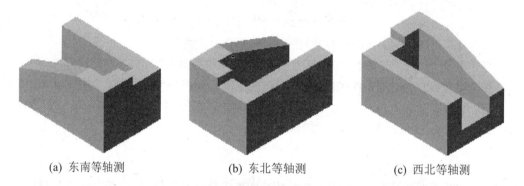

(a) 东南等轴测   (b) 东北等轴测   (c) 西北等轴测

图 5-20 切割体的三维静态显示

(3) 单击如图 5-21 所示的"动态观察"工具栏中的"自由动态观察"按钮 ◎，拖动以观察切割体在任意视点下的模型显示，如图 5-22 所示。

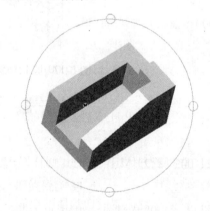

图 5-21 "动态观察"工具栏   图 5-22 切割体的自由动态观察

必须注意的是："动态观察"有别于图 5-20 所示的"标准视点"观察。前者为动态观察三维实体，后者为静态观察三维实体。

动态观察分为"受约束的动态观察"、"自由动态观察"、"连续动态观察"三种，可满足用户从不同角度观察三维实体的需要，此时的用户坐标系也将随之转动。

【例 5-2】绘制支架一

综合运用"对象捕捉"和"移动"命令、"长方体"和"圆柱体"命令、世界坐标系和用户坐标系、并集运算和差集运算，绘制如图 5-23 所示的三维实体，同时重点说明三维实体的创建思路、视图与实体并存于绘图区的操作方法。

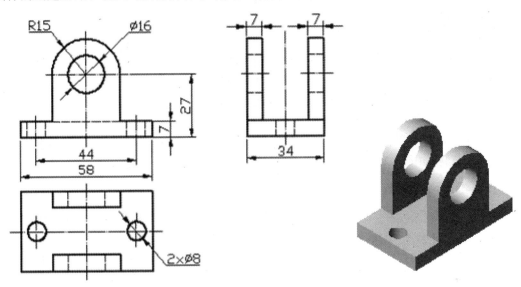

图 5-23　支架一的绘制

步骤 1　绘制底板

(1) 单击"视觉样式"工具栏中的"二维线框"按钮。

注：创建模型时通常采用"二维线框"以"透视"方式显示图形，而检查绘图质量、体现效果、保存文件时则采用"真实视觉样式"实体显示。

(2) 单击 UCS 工具栏中的"世界"按钮，运用"建模"工具栏中的"长方体"命令绘制底板外形，如图 5-24(a)所示。

(3) 单击 UCS 工具栏中的"原点"按钮，运用"对象捕捉"命令将 UCS 移至长方体左下侧的中点处，如图 5-24(a)所示。

(4) 运用 UCS 工具栏中的"原点"命令将 UCS 移至图 5-24(b)所示的位置。

单击 UCS 工具栏中的"原点"按钮，此时命令行提示：

指定新原点<0, 0, 0>：**51, 0, 0** 按回车键

(5) 运用"建模"工具栏中的"圆柱体"命令绘制右侧的 $\phi 8$ 圆柱体，其底面与 XY 坐标平面重合。运用"复制"命令复制左侧的 $\phi 8$ 圆柱体，如图 5-24(b)所示。

(6) 运用"实体编辑"工具栏中的"差集"命令"切出"底板上的 $2 \times \phi 8$ 圆柱孔并以实体显示，如图 5-24(c)所示。

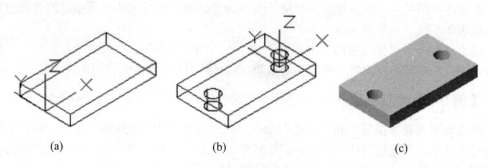

(a)   (b)   (c)

图 5-24　底板的绘制

步骤 2　绘制立板

(1) 由于立板上圆柱体的底面(默认平面)为正平面，因此将 UCS 坐标轴的方向调整为如图 5-25(a)所示位置。(单击 UCS 工具栏中的 X 按钮⬚并旋转 90°)

(2) 在绘图区的合适位置绘制构成立板的长方体和 $\phi16$、$\phi30$(R15×2)两个圆柱体，效果如图 5-25(a)所示。

(3) 对立板进行"并集"运算和"差集"运算，注意运算顺序，以免产生错误实体，绘制完成的立板如图 5-25(b)所示。

步骤 3　合并立板和底板

(1) 复制立板后运用"移动"和"并集"命令合并前、后立板和底板，在立板的移动过程中应注意"基点"的选择，合并完成的支架一如图 5-25(c)所示。

(2) 运用"真实视觉样式"按钮⬤和"自由动态观察"按钮⬡检查如图 5-23 所示的实体模型，同时通过"特性"工具栏中的"颜色控制"窗口调整实体的颜色。

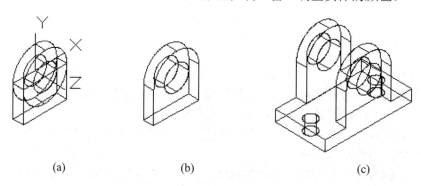

(a)   (b)   (c)

图 5-25　立板的绘制和合并

步骤 4　绘制三视图

单击 UCS 工具栏中的"视图"按钮⬚，将用户坐标系转换为平面坐标系(XY 坐标平面)，此时三维模型仍以立体显示。绘制支架一的三视图并标注尺寸，如图 5-23 所示。

【例 5-3】绘制支架二

综合运用 CAD 的各种命令和方法绘制如图 5-26 所示的三维实体，同时对用户坐标系的建立、XY 坐标平面的设置、常用基本体的绘制、布尔运算以及绘图过程中的对象捕捉等内容进行归纳和总结，进一步掌握基本形体三维建模的方法、步骤和技巧。

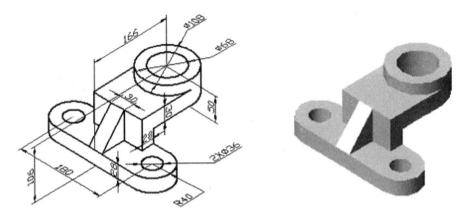

图 5-26　支架二的绘制

步骤 1　绘制立板

运用"长方体"、"圆柱体"命令结合布尔运算绘制底板。在绘图过程中注意运用"复制"命令复制基本体，运用"真实视觉样式"命令检查绘图质量，如图 5-27 所示。

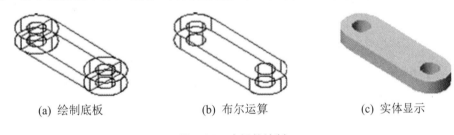

(a) 绘制底板　　　　　　　(b) 布尔运算　　　　　　　(c) 实体显示

图 5-27　底板的绘制

步骤 2　绘制 L 板

运用"建模"工具栏中的"长方体"命令绘制构成 L 板的两个长方体，然后进行"并集"运算。运用"移动"和"对象捕捉"命令叠加底板和 L 板，如图 5-28 所示。

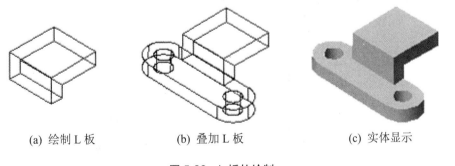

(a) 绘制 L 板　　　　　　　(b) 叠加 L 板　　　　　　　(c) 实体显示

图 5-28　L 板的绘制

步骤3　绘制肋板

运用"建模"工具栏中的"楔体"命令绘制肋板。运用"移动"和"对象捕捉"命令叠加底板、L 板、肋板，如图 5-29 所示。

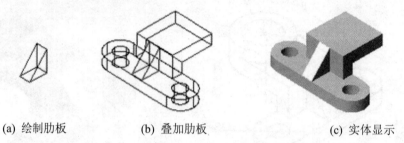

(a) 绘制肋板　　　　(b) 叠加肋板　　　　(c) 实体显示

图 5-29　肋板的绘制

步骤4　绘制 ϕ108 圆柱

运用 UCS 工具栏中的"世界"命令和"原点"命令将用户坐标系对象捕捉至 L 板的右下中点处。运用"建模"工具栏中的"圆柱体"命令绘制 ϕ108 圆柱体，并与底板、L 板、肋板一起"并集"运算，如图 5-30 所示。

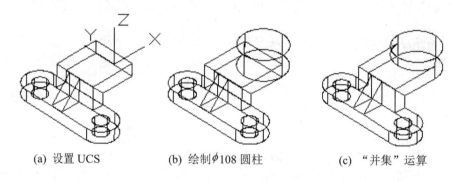

(a) 设置 UCS　　　　(b) 绘制 ϕ108 圆柱　　　　(c) "并集"运算

图 5-30　ϕ108 圆柱的绘制

步骤5　绘制 ϕ68 圆柱

保持用户坐标系不变，继续绘制 ϕ68 圆柱体后，进行"差集"运算，切割 ϕ68 圆柱孔并实体显示，如图 5-31 所示。

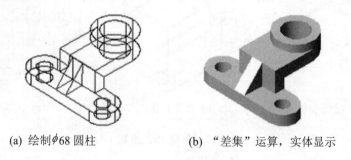

(a) 绘制 ϕ68 圆柱　　　　(b) "差集"运算，实体显示

图 5-31　ϕ68 圆柱的绘制

5.4　知识点梳理和回顾

工程制图中通常采用二维图形来描述三维实体，但由于三维图形具有逼真的立体效果，以及通过三维图形可以得到透视图或平面效果图，所以三维图形的应用也越来越广泛。AutoCAD 绘图软件不仅可以绘制零件图、装配图等二维图形，还可进行零件或产品造型的三维建模或设计，在虚拟制造技术、仿真技术、数控加工等方面都需以此作为设计或加工的基础。

本项目主要介绍了三维坐标系的建立、基本体的创建、基本形体的三维建模，为典型零件的三维建模打下扎实的技术基础。

5.4.1　三维坐标系

1．世界坐标系

三维绘图通常是在三维坐标系下进行的，图形中的点坐标为(x,y,z)。世界坐标系在二维视图中只显示 X、Y 两个坐标轴，即默认当前视图平面为二维的 XY 平面，而在轴测图中才显示 X、Y、Z 三维坐标系。

单击"视图"工具栏中的"西南等轴测"按钮 进入三维绘图状态，单击 UCS 工具栏中的"世界"按钮，即为三维状态下的世界坐标系。

2．空间点位置的确定

(1) 绝对坐标(x, y, z)。

根据命令行的提示输入点的坐标以表示该点与原点(0, 0, 0)之间的距离。绘图时可直接输入 x、y、z 三个坐标值，坐标值之间用逗号隔开。

(2) 相对坐标(@x, y, z)。

根据命令行提示输入点的坐标以表示该点相对于前一点的距离。绘图时可直接输入当前点在 X、Y、Z 轴方向上的增量值，并在输入值前添加相对坐标符号"@"。

3．用户坐标系

在三维绘图中，由于系统在运用三维绘图命令(包括二维命令)时有其默认的状态和 XY 坐标平面，因此设置和变换三维坐标系是一个非常重要的环节，建立用户坐标系(UCS)的实质，就是三个坐标轴方向的转换和坐标系位置的确定。

(1) 坐标轴方向的转换。

单击 UCS 工具栏中的 X 按钮(或)即可实现坐标轴方向的转换，通常采用"右手法则"确定坐标轴转动时(一般为正交转动)的正负号。

右手"握住"选定的基准坐标轴，大拇指代表基准轴(基准轴根据单击的 X、Y、Z 按钮确定)的正向，四指弯曲的方向代表另两根轴的旋转方向。若四指与另两根轴的旋转方向相同，则旋转角度为正值；反之为负旋转方向，旋转角度为负值。

基本视图内坐标轴方向的正交转换也可通过 UCS II 工具栏的下拉列表框完成。

(2) 坐标系位置的确定。

单击 UCS 工具栏中的"原点"按钮，即可确定坐标系的原点位置(0,0,0)。

另外，单击 UCS 工具栏中的"视图"按钮 ，可在轴测窗口中绘制平面图形，但必须注意绘图顺序：轴测图→→平面图。

5.4.2　创建基本体

1. 创建长方体

单击"建模"工具栏中的"长方体"按钮 ，此时命令行提示：

指定第一个角点或[中心(C)]：输入原点坐标(0,0,0)或在绘图区的合适位置单击

指定其他角点或[立方体(C)/长度(L)]：输入绝对坐标值(x,y)或相对坐标值(@x,y)

指定高度或[两点(2P)]：输入 Z 向高度值

2. 创建楔体

单击"建模"工具栏中的"楔体"按钮 ，此时命令行提示：

指定第一个角点或[中心(C)]：输入原点坐标(0,0,0)或在绘图区的合适位置单击

指定其他角点或[立方体(C)/长度(L)]：输入绝对坐标值(x,y)或相对坐标值(@x,y)

指定高度或[两点(2P)]：输入 Z 向高度值

3. 创建圆柱体

单击"建模"工具栏中的"圆柱体"按钮 ，此时命令行提示：

指定底面的中心点或[三点(3P)/两点(2P)/切点、切点、半径(T)/椭圆(E)]：输入原点坐标(0,0,0)或在绘图区的合适位置单击

指定底面半径或[直径(D)]：输入半径值

指定高度或[两点(2P)/轴端点(A)]：输入 Z 向高度值

4. 注意事项

(1) 系统默认长方体、楔体、圆柱体的底面平行(或重合)于 XY 坐标平面，其位置可通过 UCS 工具栏中的   按钮或 UCS Ⅱ 工具栏中的下拉列表框调整。

(2) 系统默认长方体、楔体的长、宽、高度值分别对应于 X、Y、Z 轴的正向，楔体斜面的倾斜方向与 X 轴的正向相同，圆柱体的高度值对应于 Z 轴的正向。

5.4.3　基本形体的三维建模

1. 布尔运算

基本体绘制完成后，可单击"实体编辑"工具栏中的"并集"按钮 、"差集"按钮 、"交集"按钮 对其进行布尔运算，常用的是"并集"和"差集"运算。

(1) "并集"运算是指"求并"后保留两实体(或两个以上)中相交和不相交的部分，其实质就是做"加法"，类似于形体的"叠加"，连续选中后一次"回车"即可。

(2) "差集"运算是指"求差"后从一个或多个实体中裁掉与之相交或不相交的其他实体而形成的孔、槽类形状，其实质就是做"减法"，类似于形体的"切割"。

"差集"运算时应先选择要保留的实体，"回车"后继续选择要裁掉的实体(可连续选择)，最后"回车"即可，即"差集"运算必须两次"回车"。

(3) 对实体进行"并集"或"差集"运算的顺序不同，则产生的结果也不同。因此基本体绘制完成后，应及时进行"并集"或"差集"运算，否则容易发生运算错误。

2. 建模方法和步骤

所谓基本形体，指的是以基本体为基础，对其进行一定的叠加、切割所得到的形体。基本形体是比较简单的三维实体，通常采用基本体结合布尔运算的方法进行绘制。

(1) 设置绘图区。

单击"视图"工具栏中的"西南等轴测"按钮 进入三维绘图状态，此时的用户坐标系为三维状态下的世界坐标系，其默认的 XY 坐标平面为水平面。

(2) 绘制基本体。

在系统默认的"二维线框"状态下绘制基本体。绘制过程中注意基本体的默认平面与 XY 坐标平面的关系、坐标轴方向的转换和坐标系位置的调整。

(3) 布尔运算。

运用"对象捕捉"命令或根据 UCS 原点确定基本体的相互位置，通过"并集"、"差集"运算得到基本形体。运算时应注意"并集"、"差集"运算时的先后顺序。

(4) 动态观察，实体显示。

单击"视觉样式"工具栏中的"真实视觉样式"按钮 显示实体，检查绘图质量。单击"动态观察"工具栏中的"自由动态观察"按钮 观察实体模型，并可通过"特性"工具栏中的"颜色控制"窗口调整实体颜色。

(5) 保存实体模型。

检查无误后再次单击 按钮使实体以"西南等轴测"视点显示，并在运用"标准"工具栏中的"实时平移"和"实时缩放"命令适当调整其大小和位置后保存。

5.5　项　目　练　习

5.5.1　根据轴测图进行三维建模

(1)　　　　　　　　　　　　　　　　(2)

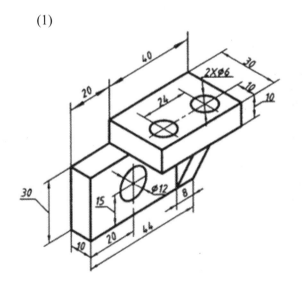

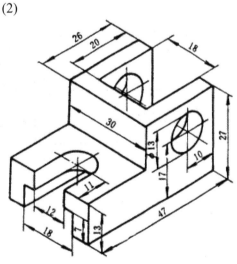

(3)

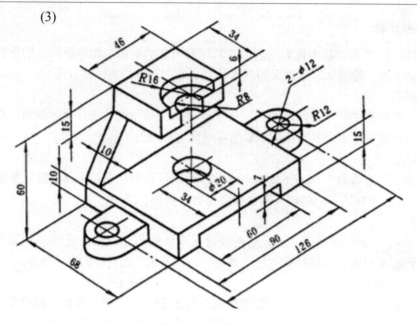

5.5.2　根据平面图进行三维建模

(1)

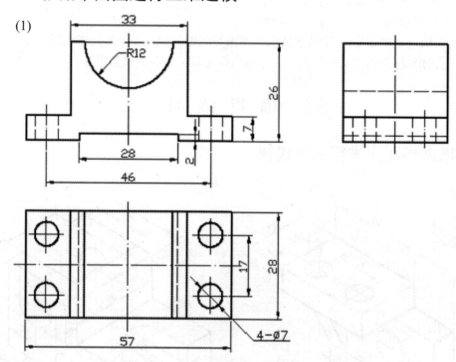

(2)

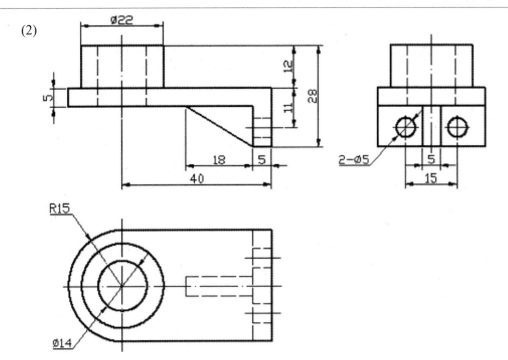

项目 6　典型零件的三维建模

项目简介

运用基本体结合布尔运算只能绘制结构单一的三维实体，但在工程实际中，有很多形状复杂的零件并不能简单地用基本体叠加或切割而成，必须采用"拉伸法"或"旋转法"创建三维实体。

学习要点

本项目主要学习运用拉伸法和旋转法绘制三维实体、并对三维实体进行编辑和尺寸标注，为典型零件的三维建模提供更多实用、有效的创建方法和手段。

知识目标

(1) 能熟练运用分解、剖切、三维镜像、三维阵列、三维旋转等编辑命令。
(2) 能熟练运用基本体法、拉伸法、旋转法等绘制三维实体。
(3) 能熟练运用各种视点正确、合理、有序地绘制三维实体。

6.1　拉伸法和旋转法

如图 6-1 所示，花键的断面形状比较复杂，手柄的断面尺寸又不处处相等，对于这类实体的创建，比较合适的方法是实体拉伸和实体旋转，即采用"拉伸法"和"旋转法"创建三维实体，其中的"拉伸法"是创建三维实体的最主要方法。

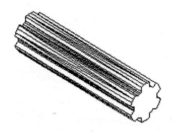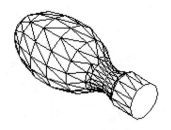

图 6-1　花键和手柄

6.1.1　创建步骤

运用"拉伸法"或"旋转法"创建三维实体的步骤是：绘制平面图形；创建面域，必要时做"差集"运算；拉伸(或旋转)面域后的平面图形，创建三维实体。

1. 绘制平面图形

平面图形主要运用"绘图"和"修改"命令绘制。必须注意的是，绘制平面图形前，首先应根据三维实体的形状特征、选用图 6-2 所示的"视图"工具栏中的"前视"、
"俯视"、"左视"命令(平面视点)确定其投影方向。

图 6-2　"视图"工具栏

2. 创建面域

(1) 命令功能。

将绘制完成的平面图形"面域"为封闭图形且为一个整体。如果图形不封闭或在封闭
图形中存在不封闭的图形(如图形中有中心线),则面域不能建成。必须注意的是,只有建
成面域的图形才能运用"建模"工具栏中的"拉伸"或"旋转"命令。

建立面域是实体拉伸或旋转的关键,面域是否建成应注意命令行的提示。

(2) 命令输入。

执行"面域"命令的方法有以下几种。

●　在菜单栏中选择"绘图"→"面域"命令。

●　在工具栏中单击"面域"按钮 。

●　在命令行中输入"REGION"。

3. 实体拉伸,创建三维实体

可以将"面域"后的平面图形拉伸为三维实体,如图 6-3 所示。执行三维"拉伸"命
令的方法有以下几种。

●　在菜单栏中选择"绘图"→"建模"→"拉伸"命令。

●　在工具栏中单击"拉伸"按钮 。

●　在命令行中输入"EXTRUDE"。

(a) 绘制平面图形　　　　(b) 面域　　　　(c) 实体拉伸

图 6-3　花键的创建

4. 实体旋转,创建三维实体

可以将"面域"后的平面图形旋转为三维实体,如图 6-4 所示。执行三维"旋转"命
令的方法有以下几种。

●　在菜单栏中选择"绘图"→"建模"→"旋转"命令。

●　在工具栏中单击"旋转"按钮 。

●　在命令行中输入"REVOLVE"。

(a) 绘制平面图形　　　　(b) 面域　　　　　　(c) 实体旋转

图 6-4　手柄的创建

6.1.2　常用三维修改命令

1. "剖切"命令

采用假想的剖切平面剖分三维实体，可选择保留部分或全部实体。执行"剖切"命令的方法有以下两种。

- 在菜单栏中选择"修改"→"三维操作"→"剖切"命令。
- 在命令行中输入"SLICE"。

2. "三维镜像"命令

将指定的对象相对于镜像平面进行"镜像"复制。执行"三维镜像"命令的方法有以下两种。

- 在菜单栏中选择"修改"→"三维操作"→"三维镜像"命令。
- 在命令行中输入"MIRROR3D"。

3. "三维旋转"命令

将指定的对象绕空间轴线旋转一定角度。执行"三维旋转"命令的方法有以下几种。

- 在菜单栏中选择"修改"→"三维操作"→"三维旋转"命令。
- 在工具栏中单击"三维旋转"按钮 ⊕。
- 在命令行中输入"3DROTATE"。

4. "三维阵列"命令

将指定的对象在三维空间"环形"或"矩形"阵列。执行"三维阵列"命令的方法有以下几种。

- 在菜单栏中选择"修改"→"三维操作"→"三维阵列"命令。
- 在工具栏中单击"三维阵列"按钮 ⊞。
- 在命令行中输入"3DARRAY"。

6.2　典型零件的建模方法和步骤

6.2.1　典型零件

根据结构特点和具体用途，机械零件可分为轴套、盘盖、叉架、箱体等四大类，俗称四大典型零件，工程中的零件加工常以典型零件来区分类别。

轴套类零件的主要结构是同轴回转体，其轴向尺寸大于径向尺寸，主要作用是安装轴上零件(如皮带轮)、传递运动和扭矩(如转轴),如图 6-5 所示。

图 6-5   轴套类零件

盘盖类零件的主要结构是回转体或其他扁平状的形体,主要作用是定位、传动(如齿轮)和封闭(如端盖),如图 6-6 所示。

(a) 齿轮　　　　　　　　(b) 端盖

图 6-6   盘盖类零件

叉架类零件根据具体用途的不同,可将其形体分为工作部分、连接部分、安装部分等三部分,主要作用是连接运动件(如杠杆)、支承回转件(如支架),如图 6-7 所示。

(a) 杠杆　　　　　　　　(b) 支架

图 6-7   叉架类零件

箱体类零件具有复杂的内腔和各种形状的外部结构,主要作用是支持或包容其他零件(如阀体和泵体)。箱体类零件是装配体中重要的基础零件,如图 6-8 所示。

(a) 阀体　　　　　　　　(b) 泵体

图 6-8   箱体类零件

6.2.2 建模方法和步骤(案例精解)

现通过以下 4 个实例,具体说明 CAD 三维绘图中用户坐标系的使用、平面视点和空间视点的灵活运用、常用的绘图方法(基本体加布尔运算、拉伸法、旋转法)、三维修改命令的操作、绘图时的注意事项、典型零件三维建模时的方法和步骤。

【例 6-1】泵体的绘制

综合运用"基本体法"和"拉伸法"绘制如图 6-9 所示的三维实体,分析、比较两种绘制方法的特点和区别,同时重点说明"三维阵列"、"三维旋转"命令的操作以及三维实体的剖切方法和技巧、剖面线的画法。

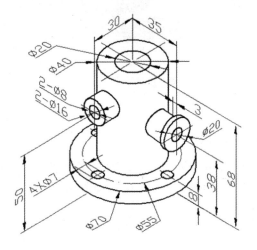

图 6-9　泵体的绘制

步骤 1　形体分析

泵体由圆盘、空心立柱、侧垂和正垂凸台(空心圆柱)组成,属箱体类典型零件。泵体中正垂凸台的形状特征视图在前视(主视)方向,圆盘和空心立柱的形状特征视图在俯视方向,侧垂凸台的形状特征视图在左视方向。

步骤 2　绘制圆盘

方法 1：基本体法

(1) 运用"建模"工具栏中的"圆柱体"命令绘制ϕ70 大圆柱体。运用 UCS 工具栏中的"原点"命令移动 UCS 后绘制ϕ7 小圆柱体,如图 6-10(a)所示。

(2) 运用"建模"工具栏中的"三维阵列"命令复制另外 3 个均布的ϕ7 小圆柱体,注意阵列类型、填充角度、旋转轴的确定,如图 6-10(b)所示。

单击"建模"工具栏中的"三维阵列"按钮 ⊞,此时命令行提示:

选择对象：选择ϕ7 小圆柱体

选择对象：右击

输入阵列类型[矩形(R)/环形(P)]<矩形>：**P** 按回车键

输入阵列中的项目数目：**4** 按回车键

指定要填充的角度(＋＝逆时针，－＝顺时针)<360>：按回车键

旋转阵列对象？[是(Y)/否(N)]<Y>：按回车键

指定阵列的中心点：对象捕捉圆盘顶面的圆心

指定旋转轴上的第二点：对象捕捉圆盘底面的圆心，完成ϕ7 小圆柱体的三维阵列

(3) 运用"实体编辑"工具栏中的"差集"命令做"求差"运算，"切出"的 4×ϕ7 圆柱孔如图 6-10(c)所示。

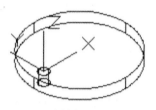 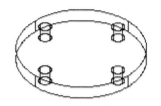 

(a) 绘制大小圆柱体　　　　　(b) 三维阵列小圆柱体　　　　　(c) 求差运算

图 6-10　圆盘的绘制(一)

方法 2：拉伸法

(1) 绘制平面图形。

根据圆盘的形状特征单击"视图"工具栏中的"俯视"按钮，在二维绘图状态下绘制圆盘在俯视方向上的特征视图，如图 6-11(a)所示。必须注意的是，绘制平面图形时只画轮廓线，不画其他图线(如点画线)，否则不能"面域"。另外，应注意区分二维"阵列"命令和三维"阵列"命令的异同点，明确两者的适用对象。

(2) 创建面域，差集运算。

① 为平面图形建立面域，使其封闭后成为一个整体。面域的创建过程如下所述。

单击"绘图"工具栏中的"面域"按钮 ⊙，此时命令行提示：

选择对象：选择平面图形

选择对象：右击，完成面域(命令行提示：已创建 5 个面域)

② 运用"实体编辑"工具栏中的"差集"命令做"求差"运算。先选择平面图形中的ϕ70 大圆，"回车"后继续选择 4×ϕ7 小圆，再次"回车"后完成面域的创建。

必须注意的是，"面域"前构成平面图形的图形元素都是独立的，"面域"后已经成为一个整体，此时，若十字光标和图形接触，图形将高亮显示，如图 6-11(b)所示。

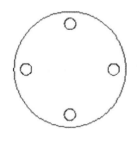 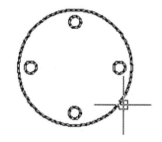 

(a) 绘制平面图形　　　　(b) 创建面域，差集运算　　　　(c) 实体拉伸

图 6-11　圆盘的绘制(二)

(3) 实体拉伸。

对"面域"和"求差"后的平面图形进行实体拉伸，如图 6-11(c)所示。实体拉伸的操作过程如下所述。

单击"建模"工具栏中的"拉伸"按钮，此时命令行提示：

选择要拉伸的对象或[模式(MO)]：选择平面图形

选择要拉伸的对象或[模式(MO)]：右击→确认

指定拉伸的高度或[方向(D)/路径(P)/倾斜角(T)/表达式(E)]：**8** 按回车键，完成圆盘的实体拉伸

步骤3　绘制空心立柱

(1) 绘制圆柱体。

单击 UCS 工具栏中的"世界"命令，将 XY 坐标平面设置为水平面，同时运用"原点"命令将 UCS 移至圆盘底面的圆心处。运用"圆柱体"命令绘制高为 68 的ϕ40 圆柱体和ϕ20 圆柱体，如图 6-12(a)所示。

(2) 布尔运算。

运用"并集"命令对ϕ40 圆柱体和圆盘进行"求并"运算，运用"差集"命令将"求并"后的结果与ϕ20 圆柱体做"求差"运算，如图 6-12(b)所示。

必须注意的是，布尔运算时，如果先对ϕ40 圆柱体和ϕ20 圆柱体进行"差集"运算、再将"求差"后的结果与圆盘做"并集"运算，则不会产生空心圆柱。

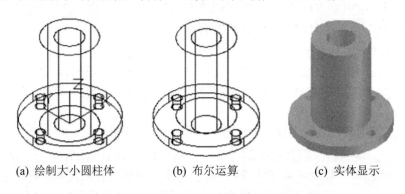

(a) 绘制大小圆柱体　　　(b) 布尔运算　　　(c) 实体显示

图 6-12　空心立柱的绘制

步骤4　绘制侧垂凸台

(1) 选择 UCSⅡ工具栏下拉列表框中的"左视"命令，同时运用"原点"和"对象捕捉"命令将 UCS 移至空心立柱顶面的圆心处，如图 6-13(a)所示。

(2) 运用"原点"命令移动 UCS。由图 6-5 可知，其新坐标是(0, -18, 30)。运用"圆柱体"命令绘制ϕ16 圆柱体和ϕ8 圆柱体，长度稍大于实际值(如 Z=-15，Z=-30)以产生相贯线，如图 6-13(b)所示。(暂缓布尔运算)

步骤5　绘制正垂凸台

(1) 运用"建模"工具栏中的"三维阵列"命令复制正垂凸台，如图 6-14(a)所示。三维阵列的操作过程如下所述。

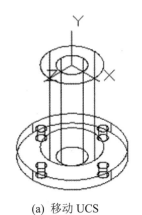

(a) 移动 UCS

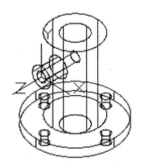

(b) 移动 UCS，绘制凸台

图 6-13 侧垂凸台的绘制

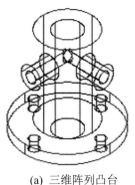

(a) 三维阵列凸台

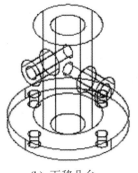

(b) 下移凸台

(c) 实体显示

图 6-14 正垂凸台的绘制

单击"建模"工具栏中的"三维阵列"按钮 ，此时命令行提示：

选择对象：选择 ϕ16 圆柱体

选择对象：选择 ϕ8 圆柱体

选择对象：右击

输入阵列类型[矩形(R)/环形(P)]<矩形>：**P** 按回车键

输入阵列中的项目数目：**2** 按回车键

指定要填充的角度(＋＝逆时针，－＝顺时针)<360>：**90**(以右手法则确定旋转方向)按回车键

旋转阵列对象？[是(Y)/否(N)]<Y>：按回车键

指定阵列的中心点：对象捕捉圆盘底面的圆心

指定旋转轴上的第二点：对象捕捉圆盘顶面的圆心，完成凸台的三维阵列

(2) 打开"正交模式"开关，运用"移动"命令下移凸台 12 mm，如图 6-14(b)所示。

(3) 选择 UCSⅡ工具栏下拉列表框中的"前视"命令，同时运用"原点"和"对象捕捉"命令将 UCS 移至正垂凸台前侧的圆心处，绘制厚为 3mm 的空心小圆盘，然后做布尔运算，注意先"求并"、后"求差"，如图 6-14(c)所示。

步骤 6　剖切泵体、绘制剖面线

(1) 将 UCS 移至空心立柱顶面的圆心处，运用"修改"菜单栏中的"剖切"命令全剖泵体，并注意剖切位置的确定和实体保留部分的选择，如图 6-15(a)所示。

选择菜单栏中的"修改"→"三维操作"→"剖切"命令，此时命令行提示：

选择要剖切的对象：选择泵体

选择要剖切的对象：右击

指定切面的起点或[平面对象(O)/曲面(S)/Z 轴(Z)/视图(V)/XY(XY)/YZ(YZ)/ ZX(ZX)/三点(3)]<三点>：**XY** 按回车键

指定 XY 平面上的点<0, 0, 0>：按回车键(或选择空心立柱顶面的圆心)

在所需的侧面上指定点或[保留两个侧面(B)]<保留两个侧面>：选择空心立柱顶面的90°象限点，完成泵体的实体剖切

(2) 绘制如图 6-15(b)所示的长方体(底面尺寸≥1/2 圆盘外径，高度尺寸≥泵体总高尺寸)后做"差集"运算，半剖以后的泵体如图 6-15(b)所示。必须注意的是，本例中的泵体采用半剖表达更合理(既反映正面外形，又表达内部结构)。

(3) 运用"绘图"工具栏的"图案填充"命令绘制剖面线。必须注意的是，由于"图案填充"命令是二维命令，因此 UCS 中的 XY 坐标平面(默认平面)应与剖面线所处的平面重合，如图 6-15(c)所示。

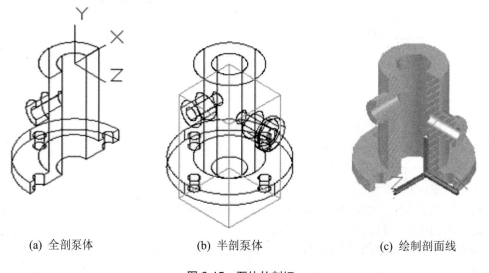

(a) 全剖泵体　　　　　　　　(b) 半剖泵体　　　　　　　　(c) 绘制剖面线

图 6-15　泵体的剖切

【例 6-2】支座的绘制

综合运用"形体分析法"和"拉伸法"想象支座三视图中各基本形体的形状特征，绘制如图 6-16 所示的三维实体，同时重点说明"三维镜像"命令的操作以及尺寸的标注。

步骤 1　绘制底板

底板由长方体叠加半圆柱体组合而成，然后"切出"圆孔。绘图时先根据俯视状态画出平面图形，再面域并求差，最后拉伸出实体，如图 6-17 所示。

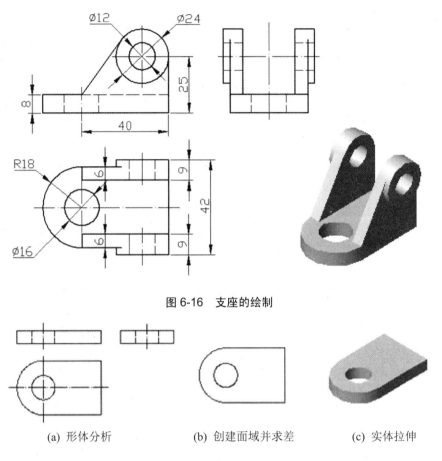

图 6-16　支座的绘制

| (a) 形体分析 | (b) 创建面域并求差 | (c) 实体拉伸 |

图 6-17　底板的绘制

步骤 2　绘制立板

位于底板之上的两块立板前后对称，组合形式为综合(叠加+切割)。绘图时先根据主视状态画出平面图形，再面域并求差，最后拉伸出实体，如图 6-18 所示。

| (a) 形体分析 | (b) 创建面域并求差 | (c) 实体拉伸 |

图 6-18　立板的绘制

步骤 3　绘制圆盘

圆盘叠加于立板圆孔的外侧同轴位置，其外圆柱面与立板圆弧面处于同一表面上，可采用"圆柱体"命令结合布尔运算绘制，如图 6-19(a)所示。

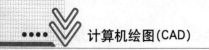

步骤4　镜像复制

运用"移动"和"对象捕捉"命令将前立板(含圆盘)置于底板上,其右面和前面与底板平齐(暂缓布尔运算),如图 6-19(b)所示。运用"三维镜像"命令复制后立板,"求并"后完成全图,如图 6-19(c)所示。三维镜像的操作过程如下所述。

选择菜单栏中的"修改"→"三维操作"→"三维镜像"命令,此时命令行提示:

选择对象:选择前立板

选择对象:右击

指定镜像平面(三点)的第一点或[对象(O)/最近(S)/Z 轴(Z)/视图(V)/XY(XY)/YZ(YZ)/ZX(ZX)/三点(3)]<三点>:右击→确认

在镜像平面上指定第一点:选择底板顶面的 180°象限点

在镜像平面上指定第二点:选择底板底面的 180°象限点

在镜像平面上指定第三点:选择底板孔的圆心(上、下圆心均可,所取三点必须构成一个平面)

是否删除源对象?[是(Y)/否(N)]<否>:右击→确认,完成立板的三维镜像

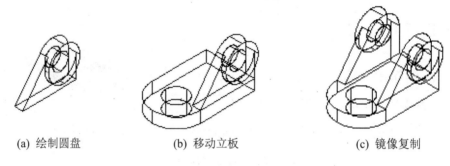

| (a) 绘制圆盘 | (b) 移动立板 | (c) 镜像复制 |

图 6-19　绘制圆盘,镜像复制

步骤5　标注尺寸

三维实体的尺寸标注仍采用二维标注命令,其标注平面与 XY 坐标平面(默认平面)重合,推荐采用 UCSⅡ工具栏下拉列表框中的前视(主视)、俯视、左视状态下的 XY 坐标平面。XY 坐标平面与尺寸标注的关系如图 6-20 所示。

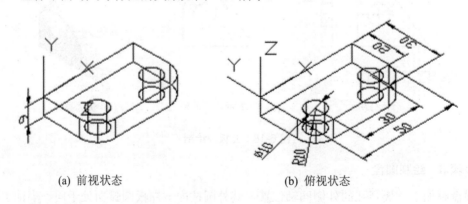

| (a) 前视状态 | (b) 俯视状态 |

图 6-20　XY 坐标平面与尺寸标注的关系

(1) 选择 UCSⅡ工具栏下拉列表框中的"俯视"命令，将 XY 坐标平面设置为水平状态并移至底板顶面的圆心处，标注ϕ16、R18、6 等水平尺寸。

标注过程中，应注意运用"原点"命令使 XY 坐标平面与标注平面重合，如总宽尺寸 42 的标注就应将 UCS 置于支座的顶部。支座水平尺寸的标注如图 6-21(a)所示。

必须注意的是，如果在图 6-21(a)所示的 UCS 状态下标注总宽尺寸 42，则其标注平面仍与底板的顶面共面，此时可通过"移动"命令将其"对象捕捉"至图示位置。

(2) 同理标注ϕ12、ϕ24、8、25 等正面尺寸，此时的 XY 坐标平面为前视状态。

(3) 运用"视图"和"多行文字"命令在"文字格式"对话框中输入文字"支座轴测图"并做必要修改后移至合适的位置，如图 6-21(b)所示。

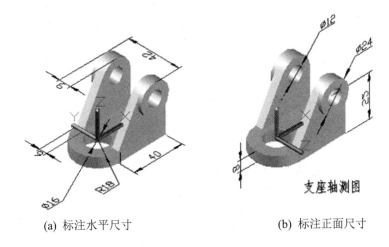

(a) 标注水平尺寸　　　　　　　　　　(b) 标注正面尺寸

图 6-21　支座尺寸的标注

【例 6-3】拉杆的绘制

综合运用"多段线"命令、"三维旋转"命令和"拉伸法"中的"路径(P)"选项绘制如图 6-22 所示的三维实体，采用"多段线"命令的目的是使拉伸路径为连续线段。

为方便绘图，可将拉杆分解为弯杆、水平杆、倾斜杆等三部分，如图 6-22(a)所示。

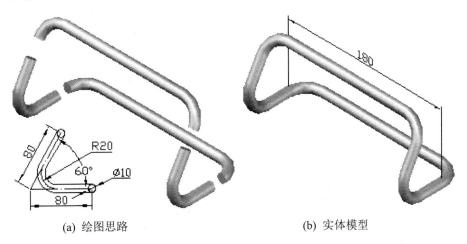

(a) 绘图思路　　　　　　　　　　　(b) 实体模型

图 6-22　拉杆的绘制

步骤 1　绘制弯杆

(1) 绘制路径。

单击"视图"工具栏中的"前视"命令，在二维绘图区中运用"多段线"命令和"圆角"命令绘制弯杆在主视方向上的特征视图，如图 6-23(a)所示。

① 单击"绘图"工具栏中的"多段线"按钮 ，此时命令行提示：

指定起点：在绘图区的合适位置单击

指定下一个点或[圆弧(A)/半宽(H)/长度(L)/放弃(U)/宽度(W)]：**80** 按回车键

指定下一个点或[圆弧(A)/半宽(H)/长度(L)/放弃(U)/宽度(W)]：**@80<60** 按回车键

指定下一个点或[圆弧(A)/半宽(H)/长度(L)/放弃(U)/宽度(W)]：按回车键

② 单击"修改"工具栏中的"圆角"命令绘制 R20 圆弧，完成拉伸路径的绘制。

(2) 绘制断面。

单击"视图"工具栏中的"西南等轴测"命令，将二维绘图区转为三维绘图状态。选择 UCSⅡ工具栏下拉列表框中的"右视"命令，将 XY 坐标平面设为右视状态。继续运用"圆"命令绘制弯杆的ϕ10 断面，如图 6-23(b)所示。

(3) 拉伸弯杆。

单击"建模"工具栏中的"拉伸"按钮 ，此时命令行提示：

选择要拉伸的对象或[模式(MO)]：选择ϕ10 圆

选择要拉伸的对象或[模式(MO)]：右击→确认

指定拉伸的高度或[方向(D)/路径(P)/倾斜角(T)/表达式(E)]：**P** 按回车键

选择拉伸路径或[倾斜角(T)]：选择弯杆的拉伸路径，完成拉伸，如图 6-23(c)所示

(4) 复制弯杆。

运用"复制"命令复制弯杆，两者的正垂距离是 180 mm，如图 6-23(d)所示。

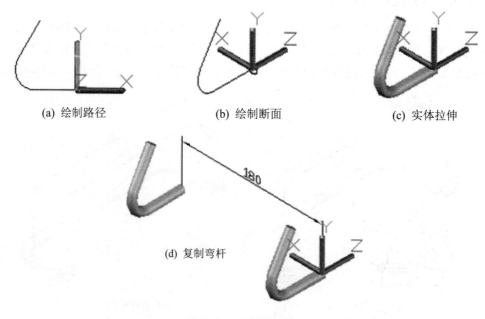

(a) 绘制路径　　　　　　　(b) 绘制断面　　　　　　　(c) 实体拉伸

(d) 复制弯杆

图 6-23　弯杆的绘制

步骤 2　绘制水平杆

(1) 绘制路径。

单击"视图"工具栏中的"俯视"命令，在二维绘图区中运用"多段线"命令和"圆角"命令(R＝20)绘制水平杆在俯视方向上的特征视图，如图 6-24(a)所示。

(2) 绘制断面。

单击"视图"工具栏中的"西南等轴测"命令，将二维绘图区转为三维绘图状态。选择 UCS Ⅱ 工具栏下拉列表框中的"左视"命令，将 XY 坐标平面设为左视状态。继续运用"圆"命令绘制水平杆的 ϕ10 断面，如图 6-24(b)所示。

(3) 拉伸水平杆。

运用"拉伸"命令中的"路径(P)"选项拉伸水平杆，如图 6-24(c)所示。

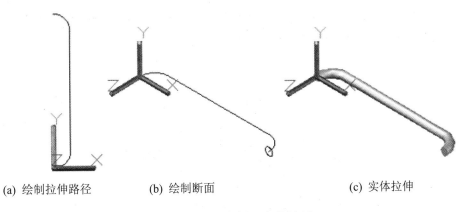

(a) 绘制拉伸路径　　　　　(b) 绘制断面　　　　　(c) 实体拉伸

图 6-24　水平杆的绘制

步骤 3　绘制倾斜杆

运用"复制"命令复制水平杆。运用"建模"工具栏中的"三维旋转"命令使水平杆在水平方向上逆时针旋转 60°，如图 6-25(c)所示。

必须注意的是，"三维旋转"命令中旋转角度正、负号的选择必须符合"逆为正、顺为负"的规定。"三维旋转"命令的操作过程如下所述。

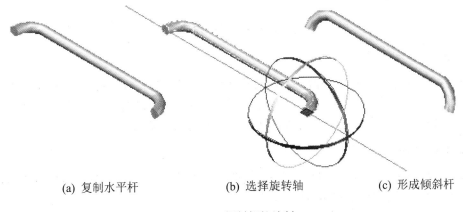

(a) 复制水平杆　　　　　(b) 选择旋转轴　　　　　(c) 形成倾斜杆

图 6-25　倾斜杆的绘制

单击"建模"工具栏中的"三维旋转"按钮 ⊕，此时命令行提示：

选择对象：选择水平杆

选择对象：右击

指定基点：选择 ⌀10 圆心，按回车键

拾取旋转轴：选择绿线

指定角的起点或键入角度：**60** 按回车键，完成三维旋转

步骤 4　合并拉杆

打开"对象捕捉"开关，运用"移动"命令和"并集"命令合并绘制完成的弯杆、水平杆、倾斜杆，如图 6-22(b)所示。

【例 6-4】牙盘的绘制

综合运用"基本体法"、"拉伸法"、"旋转法"绘制如图 6-26 所示的三维实体，同时重点说明三维实体绘制过程中的解题思路和绘图技巧。

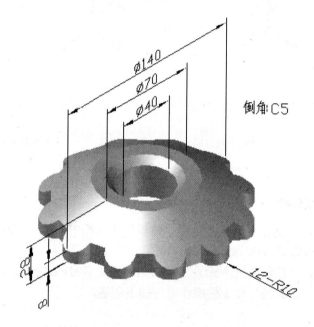

图 6-26　牙盘的绘制

步骤 1　绘图思路

牙盘整体呈锥形，中空并倒角，周边均布 12 个齿状凸起，建模时可运用"拉伸法"绘制高为 28 mm 的齿状圆盘，用"旋转法"绘制高为 20 mm 的辅助回转体，两者"求差"后即得牙盘的基本形状，然后开孔并倒角，完成牙盘的绘制。

步骤 2　绘制齿状圆盘

(1) 在俯视状态下运用"圆"命令、"阵列"命令、"修剪"命令绘制齿状圆盘的平面图形并"面域"，如图 6-27(a)所示。

(2) 运用三维"拉伸"命令拉伸"面域"后的平面图形以形成实体，如图 6-27(b)所示。

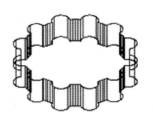

(a) 绘制平面图形，创建面域　　　　　　　　(b) 实体拉伸

图 6-27　齿状圆盘的绘制

步骤 3　绘制辅助回转体

(1) 在主视状态下绘制辅助回转体的平面图形并求"面域"，如图 6-28(a)所示。

(2) 运用三维"旋转"命令旋转"面域"后的平面图形，以形成实体，如图 6-28(b)所示。

单击"建模"工具栏中的"旋转"按钮，此时命令行提示：

选择要旋转的对象或[模式(MO)]：选择平面图形

选择要拉伸的对象或[模式(MO)]：右击→确认

指定轴起点或根据以下选项之一定义轴[对象(O)/X/Y/Z]<对象>：**Y** 按回车键

指定旋转角度或[起点角度(ST)/反转(R)/表达式(EX)]<360>：按回车键，完成实体旋转

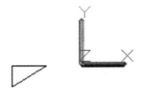
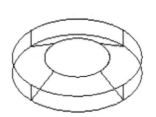

(a) 绘制平面图形，创建面域　　　　　　　　(b) 实体旋转

图 6-28　辅助回转体的绘制

步骤 4　布尔运算，开孔倒角

(1) 运用"移动"命令将辅助回转体移至齿状圆盘顶面的同轴位置，如图 6-29(a)所示。

(2) 完成如图 6-29(b)所示的"差集"运算后，运用"圆柱体"命令绘制 $\phi 40$ 圆柱体，继续做"差集"运算，然后运用"倒角边"命令做孔口倒角，如图 6-29(c)所示。

单击"实体编辑"工具栏中的"倒角边"按钮，此时命令行提示：

选择一条边或[环(L)/距离(D)]：选择孔口交线

选择同一个面上的其他边或[环(L)/距离(D)]：右击→确认

按 Enter 键接受倒角或[距离(D)]：**D** 按回车键

指定基面倒角距离或[表达式(E)]<1.0000>：**5** 按回车键

指定其他曲面倒角距离或[表达式(E)]<5.0000>：按回车键，完成倒角的绘制

按 Enter 键接受倒角或[距离(D)]：按回车键

注："倒角边 "命令能在实体表面的相交处按指定的距离生成新的表面。当基面上的每条边都要倒角时，使用"环(L)"选项比较方便。

另外，"圆角边 "命令同样能在实体表面的相交处按指定的半径生成新的曲面，具体操作方法与"倒角边"命令类似，此处不再赘述。

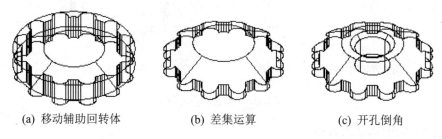

(a) 移动辅助回转体   (b) 差集运算   (c) 开孔倒角

图 6-29　求差运算，开孔倒角

6.3　辅助建模方法简介

AutoCAD 2012 绘图软件常用"基本体法"、"拉伸法"、"旋转法"绘制典型零件，对于非典型零件的创建则会用到"扫掠法"和"放样法"。"布尔运算"、"三维阵列"等都是很实用的编辑方法，但"拉伸面"、"移动面"等编辑命令也给绘图带来很大方便。三维实体的显示除了"线框"和"着色"外，还有更具质感的"渲染"显示。

6.3.1　扫掠法和放样法

1. 扫掠法创建实体

所谓"扫掠法"指的是通过路径扫掠二维和三维曲线创建三维实体的方法。执行"扫掠"命令的方法有以下几种。

● 在菜单栏中选择"绘图"→"建模"→"扫掠"命令。

● 在工具栏中单击"扫掠"按钮 。

● 在命令行中输入"SWEEP"。

现以螺旋体的创建为例，具体说明运用"扫掠法"绘制非典型三维实体的方法和步骤。

(1) 绘制$\phi 4$ 圆作为螺旋体的横截面(扫掠对象)，螺旋线(扫掠路径)的创建过程如下所述，绘制完成的螺旋体的横截面和螺旋线如图 6-30(a)所示。

单击"建模"工具栏中的"螺旋"按钮 ，此时命令行提示：

指定底面的中心点：**0, 0, 0** 按回车键

指定底面半径或[直径(D)]<1.0000>：**20** 按回车键

指定顶面半径或[直径(D)]<20.0000>：**10** 按回车键

指定螺旋高度或[轴端点(A)/圈数(T)/圈高(H)/扭曲(W)]<1.0000>：**t** 按回车键

输入圈数<3.0000>：**6** 按回车键

指定螺旋高度或[轴端点(A)/圈数(T)/圈高(H)/扭曲(W)]<1.0000>：**60** 按回车键

(2) 运用"扫掠法"创建三维实体，过程如下所述。绘制完成的线框模型如图 6-30(b)

所示，实体显示如图 6-30(c)所示。

单击"建模"工具栏中的"扫掠"按钮 🔄，此时命令行提示：

选择要扫掠的对象或[模式(MO)]：选择 ϕ 4 圆

选择要扫掠的对象或[模式(MO)]：右击→确认

选择扫掠路径或[对齐(A)/基点(B)/比例(S)/扭曲(W)]：选择扫掠路径，完成实体扫掠

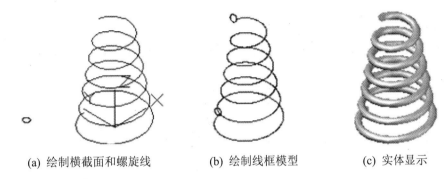

(a) 绘制横截面和螺旋线　　　　(b) 绘制线框模型　　　　(c) 实体显示

图 6-30　扫掠法创建实体

2. 放样法创建实体

所谓"放样法"指的是在≥两个横截面之间通过放样创建三维实体的方法。横截面用于定义实体的截面形状，可以是开放曲线(如圆弧，横截面全部是开放曲线)，也可以是闭合曲线(如圆，横截面全部是闭合曲线)。执行"放样"命令的方法有以下几种。

● 　在菜单栏中选择"绘图"→"建模"→"放样"命令。

● 　在工具栏中单击"放样"按钮 🔘。

● 　在命令行中输入"LOFT"。

现以铁砧的创建为例，具体说明运用"放样法"绘制非典型三维实体的方法和步骤。

(1) 在俯视状态下绘制横截面，如图 6-31(a)所示。在"西南等轴测"状态下以□40 正方形为基准正交上移横截面，如图 6-31(b)所示。

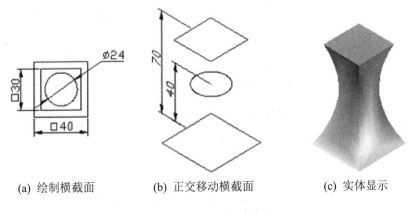

(a) 绘制横截面　　　　(b) 正交移动横截面　　　　(c) 实体显示

图 6-31　放样法创建实体

(2) 运用"放样法"创建如图 6-31(c)所示的三维实体，操作过程如下所述。

单击"建模"工具栏中的"放样"按钮 🔘，此时命令行提示：

按放样次序选择横截面或[点(PO)/合并多条边(J)/模式(MO)]：选择□30 正方形

按放样次序选择横截面或[点(PO)/合并多条边(J)/模式(MO)]：选择ϕ24 圆

按放样次序选择横截面或[点(PO)/合并多条边(J)/模式(MO)]：选择□40 正方形

按放样次序选择横截面或[点(PO)/合并多条边(J)/模式(MO)]：右击→确认

输入选项[导向(G)/路径(P)/仅横截面(C)/设置(S)]<仅横截面>：右击→确认，完成实体放样

(3) 选项说明。

① 输入 P：指定放样实体的单一路径，路径曲线与所有横截面相交，如图 6-32 所示。

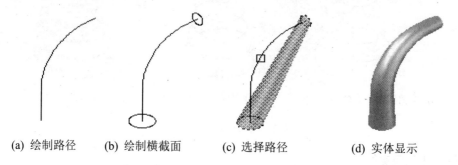

(a) 绘制路径　　(b) 绘制横截面　　(c) 选择路径　　(d) 实体显示

图 6-32　运用路径创建实体

② 输入 S：系统弹出"放样设置"对话框，如图 6-33 所示。分别选中"直纹"、"平滑拟合(默认项)"、"法线指向"、"拔模斜度"单选钮后的实体显示如图 6-34 所示。

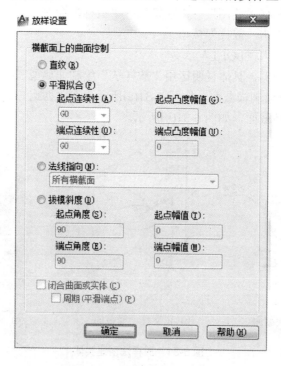

图 6-33　"放样设置"对话框

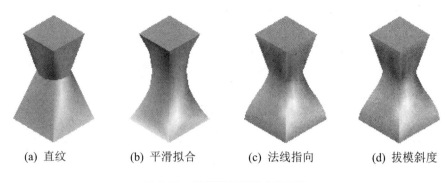

(a) 直纹　　　　(b) 平滑拟合　　　　(c) 法线指向　　　　(d) 拔模斜度

图 6-34　放样设置后的实体显示

6.3.2　常用三维编辑命令

现重点介绍"拉伸面"、"移动面"、"偏移面"、"删除面"命令在实体编辑过程中的应用，关于"倾斜面"、"着色面"、"抽壳"等编辑命令，请用户自行练习，此处不再赘述。

1. "拉伸面"命令

"拉伸面"命令用于实体平面的拉伸。"拉伸高度"取正值，实体体积增大；"拉伸高度"取负值，实体体积减小，图 6-35 中 A、B 面所取的"拉伸高度"值为-5。

执行"拉伸面"命令的方法有以下几种。

● 在菜单栏中选择"修改"→"实体编辑"→"拉伸面"命令。
● 在工具栏中单击"拉伸面"按钮 。
● 在命令行中输入"EXTRUDE"。

注意：运用"拉伸面"命令拉伸平面时，应注意其与"建模"工具栏中的"拉伸"命令功能的区别。前者为编辑命令，后者为绘图命令。

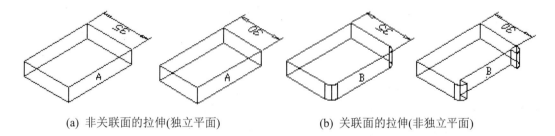

(a) 非关联面的拉伸(独立平面)　　　　　(b) 关联面的拉伸(非独立平面)

图 6-35　"拉伸面"命令的应用

2. "移动面"命令

"移动面"命令用于改变实体表面的位置。选择移动对象、指定基点后，可利用键盘和鼠标相结合的方式输入移动距离以改变实体表面的位置，图 6-36 中 A、B 面的"移动距离"为-5。

执行"移动面"命令的方法有以下几种。

● 在菜单栏中选择"修改"→"实体编辑"→"移动面"命令。

- 在工具栏中单击"移动面"按钮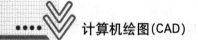。
- 在命令行中输入"MOVE"。

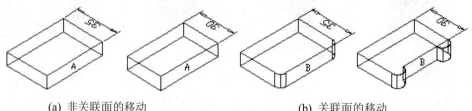

(a) 非关联面的移动　　　　　　　　(b) 关联面的移动

图 6-36　"移动面"命令的应用

3. "偏移面"命令

"偏移面"命令用于改变实体表面的尺寸。"偏移距离"取正值则实体体积增大；"偏移距离"取负值则实体体积减小。图 6-37 中 A、B 面的"偏移距离"为-5。

执行"偏移面"命令的方法有以下几种。

- 在菜单栏中选择"修改"→"实体编辑"→"偏移面"命令。
- 在工具栏中单击"偏移面"按钮。
- 在命令行中输入"OFFSET"。

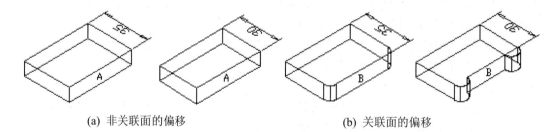

(a) 非关联面的偏移　　　　　　　　(b) 关联面的偏移

图 6-37　"偏移面"命令的应用

4. "拉伸面"、"移动面"、"偏移面"命令的异同点

(1) 由图 6-35、图 6-36、图 6-37 中的(a)图可知，"拉伸面"、"移动面"、"偏移面"命令用于非关联平面(独立平面)时，其作用效果相同；用于关联平面(非独立平面，两侧有圆弧面)时，其作用效果不全相同，如图 6-35、图 6-36、图 6-37 中的(b)图所示。

(2) 运用上述命令编辑曲面时(如圆孔)，其作用效果如图 6-38 所示。

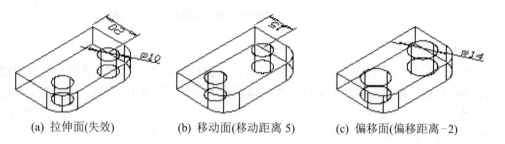

(a) 拉伸面(失效)　　(b) 移动面(移动距离 5)　　(c) 偏移面(偏移距离-2)

图 6-38　圆孔的编辑

必须注意如下几点。

① "拉伸面"命令只能用于平面的编辑,因此该命令对圆孔的编辑失效,此时命令行提示:"不能拉伸非平面,操作将被忽略"。

② "移动面"命令用于改变实体中平面或曲面的位置,其移动的方向和距离可采用坐标值输入或键盘加鼠标的方法。

③ "偏移面"命令用于改变实体中平面或曲面的尺寸。由于圆孔的偏移距离为-2,所以圆孔的直径将扩大,其扩大或缩小的偏移量为变化前后圆孔半径的差值。

5. "删除面"命令

"删除面"命令用于删除实体上绘制错误或不需要的表面,其基本原理是"填充",即在实体的基本形体框架内进行面、孔、圆角等的实体填充以实现有条件的删除,这有别于二维绘图中的"删除"命令(无条件删除)。

所谓"有条件删除",就是不能删除构成实体的基本表面(如图 6-39 中的上平面),否则命令行将提示"间隔无法填充",具体应用如图 6-39 所示。

执行"删除面"命令的方法有以下几种。

● 在菜单栏中选择"修改"→"实体编辑"→"删除面"命令。
● 在工具栏中单击"删除面"按钮 。
● 在命令行中输入"DELETE"。

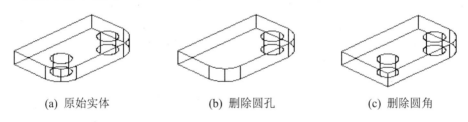

(a) 原始实体　　　　　(b) 删除圆孔　　　　　(c) 删除圆角

图 6-39　"删除面"命令的应用

6.3.3　渲染显示

与"线框"、"着色"等显示不同的是,"渲染"显示通过对材质、光源等的设置,使三维实体成为最具真实感的三维图像,现重点介绍方便、实用的材质渲染。

1. 附着材质

(1) 命令输入。

运用"材质浏览器"选项板可整理、搜索、选择应用于实体的材质。执行"材质浏览器"命令的方法有以下几种。

● 在菜单栏中选择"视图"→"渲染"→"材质浏览器"命令。
● 在工具栏中单击"材质浏览器"按钮 。
● 在命令行中输入"MATBROWSEROPEN"。

(2) 功能说明。

① 运用"材质浏览器"选项板中"Autodesk 库"选项右侧的预览框,可直观、方便地选择系统预置的材质,选中的材质在"文档材质:全部"预览框中同步显示。

② 单击"渲染"工具栏中的"材质浏览器"按钮 ，系统弹出如图 6-40 所示的"材质浏览器"选项板。在该选项板的"Autodesk 库"中选择所需的材质并拖至对象，附着材质后的实体显示如图 6-41 所示。

图 6-40 "材质浏览器"选项板

(a) 大理石-褐色   (b) 红木-天然低光泽   (c) 拉丝-蓝色-银色

图 6-41 附着材质后的实体显示

2. 设置材质

(1) 命令输入。

从外观、饰面、位置、应用等方面编辑材质，具体的设置项目与选定的材质有关。执行"材质编辑器"命令的方法有以下几种。

- 在菜单栏中选择"视图"→"渲染"→"材质编辑器"命令。
- 在工具栏中单击"材质编辑器"按钮 。
- 在命令行中输入"MATEDITOROPEN"。

(2) 功能说明.

① 运用"材质编辑器"选项板中的"外观"选项卡可设置材质的名称、颜色、属性(金属、非金属)、反射率等。

② 单击"渲染"工具栏中的"材质编辑器"按钮，系统弹出"材质编辑器"选项板，如图 6-42 所示。

设置方法 1：单击"颜色 按对象"预览框右侧的下拉按钮，选择"木材"项后，系统弹出如图 6-43 所示的"纹理编辑器"选项板，更新后的实体显示如图 6-44 所示。

设置方法 2：单击"创建材质"按钮，在下拉列表框中选择材质后，单击"显示材质浏览器"按钮，在该选项板中将设置的材质直接拖至对象即可。

 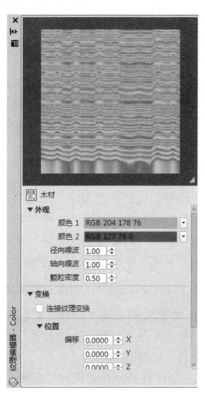

图 6-42 "材质编辑器"选项板　　　图 6-43 "纹理编辑器"选项板

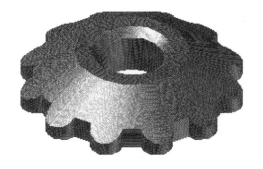

图 6-44 设置材质后的实体显示

6.4　知识点梳理和回顾

工程实际中，很多形状复杂的零件常用实体拉伸和实体旋转的方法绘制，其基本的绘图思路是在平面图形的基础上创建面域，然后生成三维实体。

本项目主要介绍了如何运用拉伸法和旋转法绘制三维实体、并对三维实体进行编辑和尺寸标注，为典型零件的三维建模提供更多实用、有效的创建方法和手段。

6.4.1　拉伸法和旋转法

运用"拉伸法"或"旋转法"创建三维实体的步骤是：绘制平面图形；创建面域，必要时做"求差"运算；拉伸或旋转面域后的平面图形，创建三维实体。

1. 绘制平面图形

运用"绘图"命令和"修改"命令绘制平面图形。必须注意的是，绘制前应先根据三维实体的形状特征、选用"视图"工具栏中的"前视🔲"、"俯视🔲"、"左视🔲"命令(平面视点)确定其投影方向。

2. 创建面域

将绘制完成的平面图形"面域"为封闭图形且为一个整体。必须注意的是，只有建成"面域"的图形才能运用"建模"工具栏中的"拉伸"或"旋转"命令。

创建面域时的命令输入可采用菜单栏中的"绘图"→"面域"、"绘图"命令、工具栏中的"面域"按钮🔲或在命令行中输入"REGION"。

3. 拉伸(旋转)图形，创建三维实体

(1) 实体拉伸：将"面域"后的平面图形拉伸为三维实体，其命令输入可采用菜单栏中的"绘图"→"建模"→"拉伸"命令、"建模"工具栏中的"拉伸"按钮🔲或在命令行中输入"EXTRUDE"。

(2) 实体旋转：将"面域"后的平面图形旋转为三维实体，其命令输入可采用菜单栏中的"绘图"→"建模"→"旋转"命令、"建模"工具栏中的"旋转")按钮🔲或在命令行中输入"REVOLVE"。

4. 常用三维修改命令

(1) "三维旋转"命令。

将指定的对象绕空间轴旋转一定角度。执行"三维旋转"命令的方法有以下几种。
● 在菜单栏中选择"修改"→"三维操作"→"三维旋转"命令。
● 在工具栏中单击"三维旋转"按钮🔲。
● 在命令行中输入"3DROTATE"。

(2) "三维阵列"命令。

将指定的对象在三维空间"环形"或"矩形"阵列。执行"三维阵列"命令的方法有以下几种。

- 在菜单栏中选择"修改"→"三维操作"→"三维阵列"命令。
- 在工具栏中单击"三维阵列"按钮 。
- 在命令行中输入"3DARRAY"。

(3) "三维镜像"命令。

将指定的对象相对于镜像平面进行"镜像"复制。执行"三维镜像"命令的方法有以下几种。

- 在菜单栏中选择"修改"→"三维操作"→"三维镜像"命令。
- 在命令行中输入"MIRROR3D"。

(4) "剖切"命令。

用剖切平面剖分三维实体,可选择保留部分实体或全部实体。执行"剖切"命令的方法有以下几种。

- 在菜单栏中选择"修改"→"三维操作"→"剖切"命令。
- 在命令行中输入"SLICE"。

6.4.2 典型零件的三维建模

1. 典型零件

根据结构特点,零件可分为轴套类、盘盖类、叉架类、箱体类等四大类,俗称四大典型零件。工程中的零件加工常以典型零件来区分类别。

(1) 轴套类零件。

主要结构是同轴回转体,其轴向尺寸大于径向尺寸,主要作用是安装轴上零件、传递运动和扭矩。

(2) 盘盖类零件。

主要结构是回转体或扁平状的盘状体,主要作用是定位、传动等。

(3) 叉架类零件。

根据用途的不同,可将其形体分为工作部分、连接部分、安装部分等三部分,主要作用是连接运动件、支承回转件。

(4) 箱体类零件。

具有复杂的内腔和各种形状的外部结构,主要作用是支持或包容其他零件。箱体类零件是装配体中重要的基础零件。

2. 建模方法和步骤

典型零件三维建模时必须注意用户坐标系的建立、平面视点和空间视点的运用、常用绘图方法(基本体法、拉伸法、旋转法)的选用、三维修改命令的操作。

(1) 视点设置。

系统共设 10 个标准视点以使图形产生不同的视觉效果。6 为平面视点,主要用于绘制平面图形以求面域,常用的是"主视"、"俯视"、"左视"。4 个空间视点,主要用于实体的显示,常用的是"西南等轴测"视点。

设置视点时的命令输入可采用菜单栏中的"视图"→"三维视图"命令和"视图"工具栏中的命令按钮。

(2) 标注尺寸。

三维实体的尺寸标注仍采用二维标注命令，标注平面应与 XY 坐标平面重合，推荐采用 UCS Ⅱ 工具栏下拉列表中的前视、俯视、左视状态下的 XY 坐标平面。

(3) 方法和步骤。

对典型零件进行形体分析→选用合适的绘图方法绘制基本形体→运用三维修改命令编辑图形→必要时标注尺寸→动态检查绘图质量→合理显示→保存。

6.4.3　辅助建模方法简介

AutoCAD 2012 绘图软件常用"扫掠法"和"放样法"绘制非典型零件，"拉伸面"、"移动面"等编辑命令也给绘图带来很大方便，而"渲染"显示有助于实体的质感体现。

1. 扫掠法和放样法

(1) 扫掠法。

通过沿路径扫掠二维和三维曲线创建三维实体的方法，绘制过程中必须注意扫掠对象和扫掠路径的创建。执行"扫掠"命令的方法有以下几种。

- 在菜单栏中选择"绘图"→"建模"→"扫掠"命令。
- 在工具栏中单击"扫掠"按钮 。
- 在命令行中输入"SWEEP"。

(2) 放样法。

在两个横截面之间通过放样创建三维实体的方法，绘制过程中必须注意横截面和放样路径的创建。执行"放样"命令的方法有以下几种。

- 在菜单栏中选择"绘图"→"建模"→"放样"命令。
- 在工具栏中单击"放样"按钮 。
- 在命令行中输入"LOFT"。

2. 常用三维编辑命令

(1) "拉伸面"命令。

用于实体表面(平面)的拉伸。"拉伸高度"若取正值，实体体积增大；"拉伸高度"取负值，实体体积减小。执行"拉伸面"命令的方法有以下几种。

- 在菜单栏中选择"修改"→"实体编辑"→"拉伸面"命令。
- 在工具栏中单击"拉伸面"按钮 。
- 在命令行中输入"EXTRUDE"。

(2) "移动面"命令。

用于改变实体表面的位置。选择移动对象、指定基点后，可采用键盘和鼠标相结合的方式输入移动距离以改变实体表面的位置。执行"移动面"命令的方法有以下几种。

- 在菜单栏中选择"修改"→"实体编辑"→"移动面"命令。
- 在工具栏中单击"移动面"按钮 。
- 在命令行中输入"MOVE"。

(3)　"偏移面"命令。

用于改变实体表面的尺寸。"偏移距离"取正值，实体体积增大；"偏移距离"取负值，实体体积减小。执行"偏移面"命令的方法有以下几种。

- 在菜单栏中选择"修改"→"实体编辑"→"偏移面"命令。
- 在工具栏中单击"偏移面"按钮 ▢。
- 在命令行中输入"OFFSET"。

必须注意的是，上述命令用于独立平面时，其作用效果相同。用于非独立平面时，其作用效果不全相同。另外，"拉伸面"命令只能用于平面的修改，不能用于回转体。

(4)　"删除面"命令。

用于删除实体上绘制错误或不需要的表面，其基本原理是"填充"，即在实体的基本形体内进行面、孔等的实体填充以实现有条件的删除，即不能删除构成实体的基本表面。执行"删除面"命令的方法有以下几种。

- 在菜单栏中选择"修改"→"实体编辑"→"删除面"命令。
- 在工具栏中单击"删除面"按钮 ▢。
- 在命令行中输入"DELETE"。

3. 渲染显示

与"线框"、"着色"显示不同的是，"渲染"显示通过对材质、光源等的设置，使三维实体成为最具真实感的三维图像。现重点介绍方便、实用的材质渲染。

(1)　附着材质。

运用"材质浏览器"选项板中"Autodesk 库"选项右侧的预览框可直观、方便地选择系统预置的材质。执行"材质浏览器"命令的方法有以下几种。

- 在菜单栏中选择"视图"→"渲染"→"材质浏览器"命令。
- 在工具栏中单击"材质浏览器"按钮 ▢。
- 在命令行中输入"MATBROWSEROPEN"。

单击"渲染"工具栏中的"材质浏览器"按钮 ▢，在系统弹出的"材质浏览器"选项板的"Autodesk 库"中选择所需的材质并拖至对象即可。

(2)　设置材质。

运用"材质编辑器"选项板中的"外观"选项卡可设置材质的名称、颜色、属性(金属和非金属)、反射率等。执行"材质编辑器"命令的方法有以下几种。

- 在菜单栏中选择"视图"→"渲染"→"材质编辑器"命令。
- 在工具栏中单击"材质编辑器"按钮 ▢。
- 在命令行中输入"MATEDITOROPEN"。

单击"渲染"工具栏中的"材质编辑器"按钮 ▢，在系统弹出的"材质编辑器"选项板中设置材质。

设置方法 1：单击"颜色 按对象"预览框右侧的下拉按钮，选择材质后，系统弹出"纹理编辑器"选项板，更新后，实体就以设置的材质显示。

设置方法 2：单击"创建材质"按钮，在下拉列表框中选择材质后，单击"显示材质浏览器"按钮 ▢，在"材质浏览器"选项板中，将设置的材质直接拖至对象即可。

6.5　项　目　练　习

6.5.1　根据轴测图进行三维建模

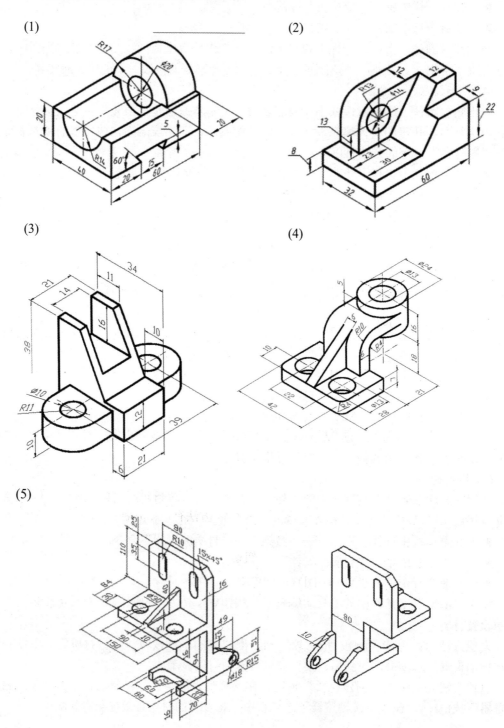

(1)

(2)

(3)

(4)

(5)

(6)　　　　　　　　　　　　　　　(7)

(8)

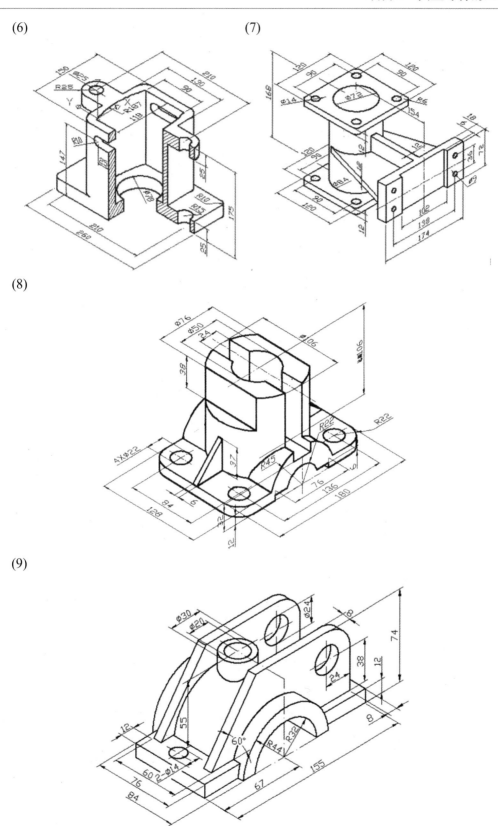

(9)

(10)

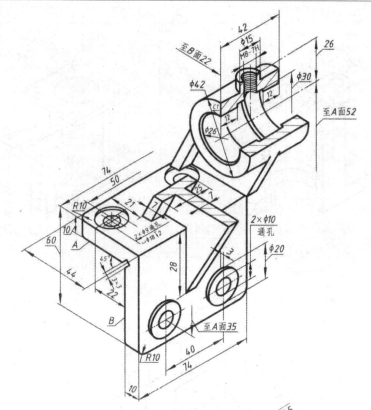

(11)

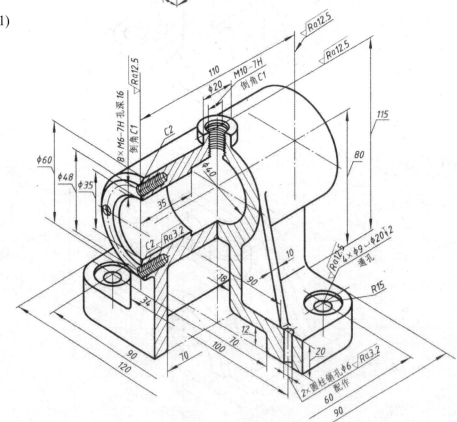

(12)

提示：M10-6g 普通螺纹
可采用"旋转法"绘制，其牙
型断面图如下图所示。

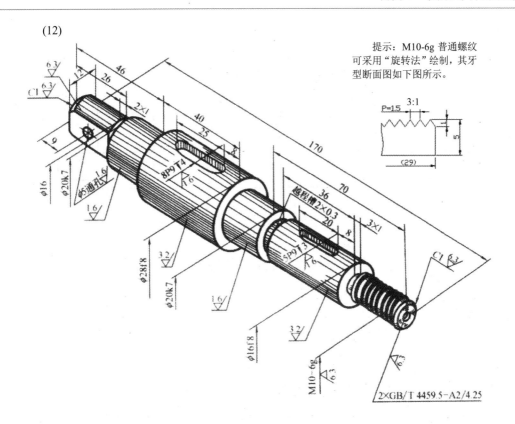

6.5.2　根据平面图进行三维建模

(1)

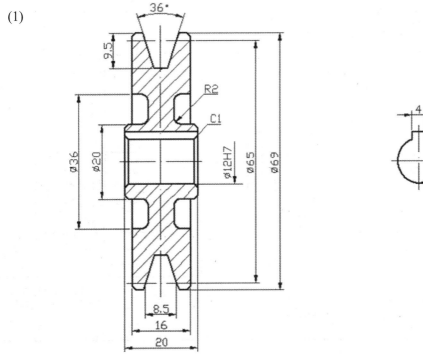

(2)

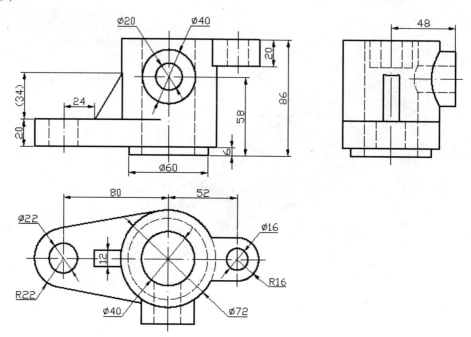

6.5.3　根据零件图进行三维建模

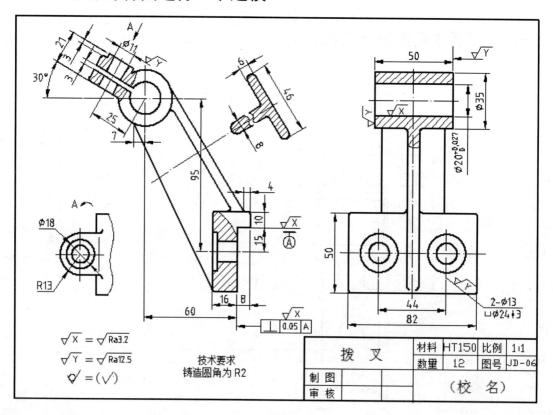

拨　叉	材料	HT150	比例	1:1
	数量	12	图号	JD-06
制　图				
审　核		（校　名）		

技术要求
铸造圆角为R2

$\sqrt{X} = \sqrt{Ra3.2}$

$\sqrt{Y} = \sqrt{Ra12.5}$

$\sqrt{} = (\sqrt{})$

附录 A AutoCAD 绘图中级(机械类)试卷

100 分钟

培训学校　　　　　　　　姓名　　　　　准考证号　　　　　成绩

一、绘制零件图(包含全部要素)，存盘于文件 TEST1。(50 分)

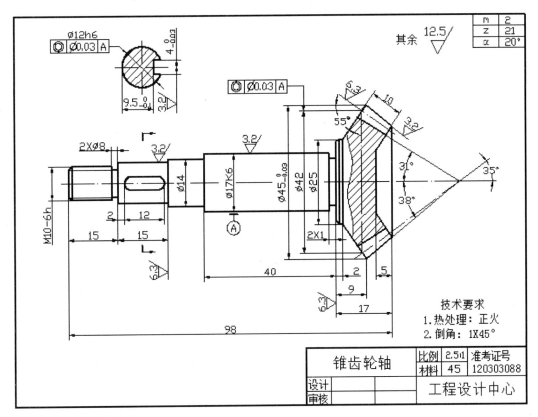

二、根据平面图绘制三维实体，存盘于文件 TEST2。(50 分)

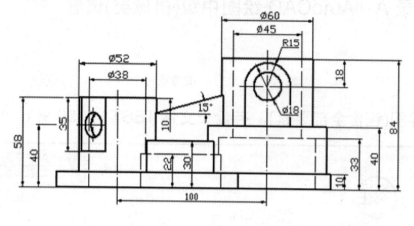

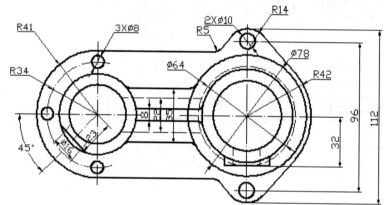

参考答案

教师意见反馈表

姓　名		手　机		学　校	
E-mail				部　门	

意见反馈（单选、多选均可）。衷心感谢您的大力支持和帮助！

1. 您认为工程图样中，_____是教学重点。

a. 看图　　b. 测绘　　c. 手工画图　　d. CAD 画图

2. 您认为项目设置中，_____是教学重点。

a. 组合体　　b. 零件图　　c. 装配图　　d. 三维建模

3. 您认为组合体视图绘制中，_____是教学重点。

a. 形体分析　　b. 视图绘制　　c. 尺寸标注　　d. 图层设置

4. 您认为零件图绘制中，_____是教学重点。

a. 视图表达　　b. 尺寸标注　　c. 技术要求　　d. 绘制方法和步骤

5. 您认为装配图绘制中，_____是教学重点。

a. 图块的定义　　b. 表格的创建　　c. 图块和表格的运用　　d. 绘制方法和步骤

6. 您认为在二维绘图中，_____是教学重点。

a. 平面图形　　b. 组合体　　c. 零件图　　d. 装配图

7. 您认为在三维建模中，_____是教学重点。

a. 布尔运算　　b. 拉伸法　　c. 旋转法　　d. 尺寸标注

8. 您认为最常用的命令是_____。

a. 绘图　　b. 修改　　c. 标注　　d. 透明

9. 您认为最常用的工具栏是_____。

a. 标准　　b. 绘图　　c. 标注　　d. 修改

10. 您认为最常用的样式管理器是_____。

a. 文字　　b. 标注　　c. 多重引线　　d. 表格

11. 您认为本教材的项目设置_____。

a. 合理　　b. 基本合理　　c. 一般　　d. 不合理

12. 您认为本教材的知识点编排_____。

a. 合理　　b. 基本合理　　c. 一般　　d. 不合理

13. 您认为本教材中的亮点是_____。

a. 项目设置　　b. 内容编排　　c. 载体选择　　d. 几乎没有

14. 您认为本教材的整体质量_____。

a. 优秀　　b. 良好　　c. 一般　　d. 较差

15. 您认为本教材中应该强化的绘图内容是_____。

a. 组合体视图　　b. 零件图　　c. 装配图　　d. 三维建模

注：本表可从下载资源中查取，回信至 20070470@stiei.edu.cn，谢谢！

学生意见反馈表

姓 名		手 机		学 校	
E-mail				专 业	

意见反馈（单选、多选均可）。衷心感谢你的大力支持和帮助！

1. 你认为工程图样中，_____是教学重点。

a. 看图　　b. 测绘　　c. 手工画图　　d. CAD 画图

2. 你认为项目设置中，_____是教学重点。

a. 组合体　　b. 零件图　　c. 装配图　　d. 三维建模

3. 你认为组合体视图绘制中，_____是教学重点。

a. 形体分析　　b. 视图绘制　　c. 尺寸标注　　d. 图层设置

4. 你认为零件图绘制中，_____是教学重点。

a. 视图表达　　b. 尺寸标注　　c. 技术要求　　d. 绘制方法和步骤

5. 你认为装配图绘制中，_____是教学重点。

a. 图块的定义　　b. 表格的创建　　c. 图块和表格的运用　　d. 绘制方法和步骤

6. 你认为在二维绘图中，_____是教学重点。

a. 平面图形　　b. 组合体　　c. 零件图　　d. 装配图

7. 你认为在三维建模中，_____是教学重点。

a. 布尔运算　　b. 拉伸法　　c. 旋转法　　d. 尺寸标注

8. 你认为最常用的命令是_____。

a. 绘图　　b. 修改　　c. 标注　　d. 透明

9. 你认为最常用的工具栏是_____。

a. 标准　　b. 绘图　　c. 标注　　d. 修改

10. 你认为最常用的样式管理器是_____。

a. 文字　　b. 标注　　c. 多重引线　　d. 表格

11. 你认为本教材的项目设置_____。

a. 合理　　b. 基本合理　　c. 一般　　d. 不合理

12. 你认为本教材的知识点编排_____。

a. 合理　　b. 基本合理　　c. 一般　　d. 不合理

13. 你认为本教材中应该强化的绘图内容是_____。

a. 组合体视图　　b. 零件图　　c. 装配图　　d. 三维建模

14. 你在制图环节中存在的最大问题是_____。

a. 看图能力　　b. 画图能力　　c. 空间想象能力　　d. 图样表达能力

15. 你在计算机绘图中遇到的最大问题是_____。

a. 电脑的操作　　b. 命令的执行　　c. 工具栏的选用　　d. 管理器的设置

注：本表可从下载资源中查取，回信至 20070470@stiei.edu.cn，谢谢！

参 考 文 献

[1] 高燕. AutoCAD 2012 基础教程[M]. 北京：机械工业出版社，2014.

[2] 龙凯. AutoCAD 2012 实用教程[M]. 北京：机械工业出版社，2013.

[3] 吴宗泽. 机械设计实用手册[M]. 北京：化学工业出版社，2010.

[4] 全国技术产品文件标准汇编_机械制图卷[S]. 北京：中国标准出版社，2007.